Titel

Das neue Verständnis der Materie- Formation

von J. Willi Oberaht,

Ausgabe 7, in Deutsch mit Ergänzungen, aufbauend auf:

ISBN 978 1986493338, Ausgabe 1, in Englisch,
ISBN 978 1717136992, Ausgabe 2, in Deutsch
ISBN 978 1724212313, Ausgabe 3, in Deutsch
ISBN 978 1727246780, Ausgabe 5, in Deutsch

Inhaltsverzeichnis:

3. Strömungsfeldraum und Absto-ßung

3.1 Das Strömungsfeld, der Welt -raum, Emitter, Fusionen, Zusammen-setzung

3.2 Dunkle Energie, Turbulenzen, Licht, Wasser und elektromagneti-sche Effekte

3.3 Austretende Mikro- und

Makrostrukturen, Reflektoren

3.4 Extruder und „Konglomerat" zur Materieansammlung

3.5 „Big Bang", die Homogenität,

1 Vorwort

Der folgende Text erläutert mehrere praktische, theoretische und systematische Überlegungen aus dem größeren Rahmen der Naturwissenschaften, Astrophysik und der Elektrotechnik. Es ist geplant eine Diskussion zu dem beschriebenen Thema anzuregen und in weiteren Ausgaben darzulegen. Die erste Version enthielt die Grundgedanken. Am Ende erhalten wir, wenn sich diese Neuordnung bestätigt, eine grundlegendes neue Sichtweise zu den naturwissenschaftlichen Betrachtungen zur Formation der Materie. Verknüpft ist diese Beziehungen zwischen den Weltraumbestandteilen und sich daraus ergebende oder bestehende Systeme. Der Titel umschliesst auch die Umkehrung, den Zerfall, da sich aus jedem Zerfall wieder etwas formiert. Es handelt sich bei dem Zerfall um einen zeitlich vorübergehenden Zustand. Jeder Impulsvorgang mit einer direkten Berührung der Materie, ist im weiteren Sinne eine Fusion und falls diese nicht verbunden bleiben, ein Zerfall oder Vorgang der Abstossung.

Die Idee für diesen Text entstand beim Gedanken an eine Verbesserung der Impuls-Produktionseinheit [8] und der Kräfte am Spalt. Besonders die Beobachtung des Author zum aufsteigenden Wasser in einem Spalt und den aus dem Studium mitgebrachten Kenntnissen zu den Kräften, die aufgrund des magnetischen Flusses an einem durch einen Spalt unterbrochenen Ringkern entstehen, führten zur Fokussierung auf den Gedanken des Strömungsfeldes (ca. 2008). Bei der Betätigung von „Stellschrauben“ zur Verbesserung, stellt sich immer die Frage nach den wirklichen Zusammenhängen. In der „modernen“ Physik konnte man sich nicht auf einen Gesamtzusammenhand einigen aber die Einzelmodelle erzeugen akzeptable Ergebnisse in ihren jeweiligen Gültigkeitsgrenzen. Im Zusammenhang mit der Impulsanlage war es die Frage nach schnelleren Bewegungen auf der Struktur. Was hält die Ladungsträger in ihrer Position und wie kann man diese gezielt bewegen. Es bauten sich Zweifel an bestehenden Betrachtungsweisen zur Gravitation bzw. Massenanziehung auf. Die Überlegung zum Impuls verwies den physikalischen Prozess der Welle auf eine nachgeordnete Position. Somit führte die Überlegung zu Quelle, Ladungsträgern und Ausbreitungsweg, zur Zusammenführung der beiden bisher voneinander unabhängigen Quantenphysik (im Sinne einer Teilchenphysik) und Wellen Theorien. Die Wellenausbreitung wird als Umwelt- und verknüpfungsabhängiges Ergebnis zu einem Impuls ausgelösten Ereignis angesehen.

Darüber hinaus wird das frühere Verständnis der Gravitation und der Anziehungskraft der Materie (Definition gem. der Schullehre: Gravitation oder Massenanziehung, die Kraft, die zwei oder mehrere Körper allein auf Grund ihrer schweren Masse aufeinander ausüben) durch einen neuen Ansatz eines quantisieren Strömungsfeldes ersetzt werden. Plakativ ausgedrückt- es wird gedrückt und nicht gezogen.

Diese Betrachungsweise fokussiert auf die Dichteverteilung und Bewegungsverteilung die auch als Temperaturverteilung verstanden wird.

Die etablierten Modelle zur Vorhersage der Gravitationskräfte im jeweiligen gültigen Bereich werden mit einem Modell überspannt. Das Modell gilt für eine Vielzahl von existierenden bisherigen Einzelmodellen. Die gilt für Probleme auf Basis der Newtonschen Betrachtung, die für starke und schnelle Beschleunigung durch neuere relativistische Ansätze ergänzt wurden. Auch lässt sich die in vielen Berechnungen notwendige zusätzliche nicht sichtbare Materie mit den gleichzeitig gefunden Gegenbeweisen, in abgelegenen Galaxien, erklären. In dieser Betrachtung muss der Raum bzw. die Dichteverteilung nicht als homogen angesehen werden. Vorstellbar für eine unregelmässige und sich verändernde Dichteverteilung ist die Tektonik auf der Erde. Die Kontinente verschoben sich im laufe der Erdentwicklung. Vergleicht man dazu die Sonnenoberflächenaktivität, Mondbewegungen, historische Mondkonstellationen und die Konstellation der Milchstrasse zusammen mit der Andromedagalaxie, der kosmischen Hintergrundstrahlung, über einen längeren Zeitraum, lassen sich Parallelen zwischen dieser und der Kontinent/Wasserverteilung erkennen. Auch sollte sich die Küstenform davon ableiten lassen. Eine wiederkehrende Schichtung auf einer Hauptschale ist dabei zu erwarten. Die zeitliche Veränderung der Abstände und möglicher zusätzlicher Objekte im Ausbreitungspfad erzeugen damit abnehmende oder ansteigende Durchmesser der

Schichtungen. Man vergleiche dazu auch die Anordnung von biologischen Zellelementen, wie z.B. das Endoplasmatische Retikulum. Die Schichtung der Zellwände deuten auf periodisch wiederkehrende Festkörperbahnen hin, deren Versatz zusätzlich der Verdrehung durch den Spiralbahn unterliegt. Ähnlichkeiten in verschiedenen Körpertiefen zeigen den gleichen Mechanismus auf. Die „Wasserlücke" ist in biologischen Strukturen die Voraussetzung zum Auffüllen der Struktur. Man vergleiche dazu das Röhrensystem von Holz. Eine zusätzliche Bewegungsenergie läßt Wasser in diesen Aufstiegsröhren aufsteigen. Diese Kraft ergibt sich auf ein Lösungsmittel, wie z.B. Wasser, wenn gelöste

Teilchen durch die Umgebungskräfte in Kreisbewegungen versetzt werden und dadurch windmühlenartig die Lösungsmittelelemente mitnehmen. Man vergleiche dazu den Osmotischen Druck. Es muss wie bereits erwähnt, die vertikale Verschiebung aufgrund der historischen Positionsänderung und die Zeit der Entstehung der biologischen Strukturen beachtet werden.

Das gleiche spiegelverkehrte Bild zur Kontinentalstruktur zeigt sich auf dem Merkur. Darüber hinaus passt auch die Mond Theorie als Modifizierte Newtonsche Dynamik zu Korrekturen bei sehr schwachen Kräften, als auch extreme Nahkräfte (Van der Waals) in die im folgenden beschriebene quantisierte Strömungsfeldtheorie. Es wird davon ausgegangen, dass alle wirkenden Kräfte immer durch Teilchen (Materieelemente), mittels einer Impulsweitergabe erzeugt werden. Im gesamten Raum befinden sich unterschiedliche Dichteverteilungen. Vergleicht man dazu Wassertropfen die auf eine Wasseroberfläche fallen und die aufgrund der Reflektion entstehende Kegel oder Kronen, können im Nahbereich größere Kräfte erwartet werden. Diese Dichteverteilungen verändern ihre Position aufgrund einer Verschiebung und werden damit als Strömungen betrachtet. Eine Atmosphäre, woraus auch immer diese besteht, ist bei kugelähnlichen Körpern, näherungsweise radialsymmetrisch. In dieser Atmosphäre eindringende Materie wird gebremst und in ihrer Ausbreitungsrichtung verändert. Ein tangierendes Objekt wird somit an der Kugelseite mehr gebremst, gestaucht und dadurch in Richtung der Atmosphäre umgelenkt. Es handelt sich einfach formuliert, nicht um eine Anziehung durch die Kugelmasse, sondern durch einen Bremsvorgang erzeugte Richtungsänderung zur Kugelmasse. Der Quantenbegriff wird lediglich als kleinste Einheit betrachtet. Auch wenn zwischen den bereits gebündelten Massen, in Form von Sternen und Planten etc., sehr wenig Masse erkannt wird, waren diese Orte in der Vergangenheit Orte erhöhter Strömung und Kollisionen. Es rechtfertigt damit die Gesamtbetrachtung als Strömungsfeld. Auch die Bezeichnung Feld wurde absichtlich gewählt um den Bereich kleinster Teilchen mit einzubeziehen. Der Begriff Quantengraviation wurde vermieden, da sich diese Betrachtungsweise von der Massenanziehung und dem verbunden Gravitationsbegriff löst. Eine Schwerpunktbetrachtung wäre lediglich ein Element der Gesamtbetrachtung.

Der gegensätzliche Ansatz zum Thema des Textes und die Erklärung, dass die Relativitätstheorie als sehr bekannte Theorie abgewandelt werden wird, fand Interesse in einer Kerngruppe. Allerdings wurden die ersten an wissenschaftliche Zeitschriften gesendete „Paper“ abgelehnt. Einige wenige Individuen in etablierten wissenschaftlichen Kreisen haben bereits ihre Meinung zu diesem Thema abgegeben, wobei in den vergangen Jahren einige davon es vermieden, eine direkte Rolle zu übernehmen. Inzwischen fanden sich mehr Anhänger aus Fachkreisen um diese Ansicht weiter zu entwickeln aber auch in einer grossen Basis. Alte Muster die traditionell übermittelt wurden und besonders sich in kirchlichen Gebäuden widerspiegelten verdeutlichen die größeren Zusammenhänge im Weltraum und in der Milchstrasse. Die Betrachtung dieser, dem alten teils vergessenen Wissen oder der

Wissenschaftsübermittlung eröffnete Zusammenhänge. Aus den kirchlichen Darstellungen wird, als Teil dieser Sichtweise, ein eigenes Buch entstehen. Das Wissen läßt sich im kirchlichen Sinne definieren. Auch wurden diese Themen in der Werbung und Media Beträgen erkennbar. Alles Unverstandene wird erst einmal als grenzwertig betrachtet oder unter einem Sammelbegriff, wie z.B. die Massenanziehung oder auch das Altern, zusammengefasst. Im Laufe der Zeit zeigten sich immer mehr Facetten der Betrachtung. Aufgrund der vielen schlüssigen Erklärungen wird zu einem gewissen Zeitpunkt entschieden, sich von einem inzwischen veralteten Model zu lösen.

Es fragt sich, welcher Vorteil ein solch neuer Schritt bringt. Derzeit gibt es unterschiedliche Theorien, die Teile der natürlichen sichtbaren Effekte erklären, aber Lücken hinterlassen, die nicht mit aktuellen Modell erklärt werden können. Dies deutet stark auf die Möglichkeit hin, dass diese Theorien nicht vollständig sind oder nur einen kleineren Teil des simulierten Naturereignisses reflektieren und damit nicht weiterführen.

Eine Erklärung, die die meisten der vorhandenen Einzelmodelle enthält, erhöht unsere Informationsbasis.

Nach der gewonnenen Erfahrung bringt uns das kombinierte Wissen leichter zu weiteren Einblicken und fehlenden verbesserten Beschreibungen. Das gewonnene Verständnis ermöglicht die systematisches Herleitung, eine vollständige Analyse und im nächsten Schritt die Synthese von Materie Formationen. Danach ist eine umfassendere Theorie ein Muss!

Aus Parametern, die einfacher zu erhalten sind, kann ein Vorteil entstehen. Dies ist der Fall für den Zugriff auf z.B. eine Materialdichte, die analysiert werden kann. Im Gegensatz dazu ist die Bestimmung der Energie eines betrachteten Raumelementes schwieriger. Energiekomponeten ergeben sich teilweise aus der Bewegung des Gesamtsystems z.B. der Galaxie.

Weitere Details bringen normalerweise ein Modell näher an die Realität heran. Die Möglichkeit, das Modell erweiterbar zu gestalten, und dabei ein besseres Abbild der natürlichen Vorgänge zu erhalten, ist ein weiterer Vorteil.

Diese aufgeführten Vorteile werden durch die folgende Theorie erfüllt.

Eine Theorie sollte durch Experimente validiert und kann weiter entwickelt werden. Dies ist der Ausgangspunkt dieser Publikation.

Der folgende Text führt vom auslösenden Ereignis- dem Impuls, über die Ausbreitungsmaterie zu dem wirkenden Strömungsfeld im Weltraum. Es werden u.a. wechselweise in der Mikro- und Makrobetrachtung Verknüpfungsarten, Entstehungen, Synthesen und wirksame Verhältnisse an möglichen Orten zur Materie-Formation erläutert. Ein Atomkern mag z.B. in der Mikrobetrachtung in großen Teilen identisch zur Massenkonstellation im Weltall aufgebaut sein.

2. Der Impuls, die Quelle und die Übertragung

Jeder Energiewechsel erzeugt eine Verschiebung.

Eine Verschiebung ist eine vorgenommene Bewegung eines Materieelementes (Ortsänderung) relativ zum vorherigen Ort und seiner Umgebung.

Bildlich läßt sich dies mit der in der Sixtinische Kapelle dargestellten Szene verdeutlichen. Die Berührung zweier Finger als erste alles startende Verschiebung/Impuls.

Diese Verschiebung hängt von der anfänglichen Quellenenergie, der anschliessenden Ausdehnung im Raum und der Art, Verteilung, Verknüpfung und Eigenbewegung der Materie im Ausbreitungspfad ab. Die Energie wird im weitesten Sinne als Bewegung betrachtet.

Jeder Energiewechsel mündet gewöhnlich in eine Verschiebung relativ zur tatsächlichen Position oder Bewegung und wird der Ausgangspunkt für ein Ereignis Namens Impuls. Viele dieser Impulse, in einer Sequenz oder zusammen mit einer Materialstruktur und möglicherweise mit einem transversalen Fluss kombiniert, bilden oder initiieren in Materie eine wellenförmige Verschiebung.

Je nach auslösender Größenordnung der Verschiebung und umgebende Materie im Raum kann sich die wellenförmige Ausbreitung ergeben. Längliche und verbundene Elemente können sich, neben einer möglichen wiederkehrenden Impulsanregung („digitalisierte" Welle), überschlagend ausbreiten und damit den wahrgenommen Effekt von Wellentälern und Wellenbergen hervorrufen. Vorstellbar ist die entstehende Erhöhung durch die sich entgegengesetzt übereinander schiebenden Materieelemente. Entsprechend die Vertiefung in der gleichgerichteten Zone. Gleichzeitig wird dem Ausbreitungsraum eine gewisse Elastizität, vergleichbar mit einer Federwirkung, unterstellt die, neben der reinen Reflektion und neben einer formbedingten rückwärts Rotation, für die Richtungsumkehr der Materieelemente sorgt.

Die anfängliche Impulsquelle ist möglicherweise nicht stark genug, um die Kernbindungskonstellation zu verändern und wirkt sich nicht auf die äußere Elementoberfläche aus. In diesem Fall ist die erforderliche Schwelle nicht erreicht. Dichte Initialverschiebungen und Raumausbreitungen beeinflussen mehr ihrer direkten Umwelt im Sinne einer Verdrängung. Diese Verdrängung erhält einen größeren Ausbreitungswiderstand. Die Wahrscheinlichkeit der Ausbreitung für kleinere (radiale) initiale Verschiebungen, wie z. B. Licht, in den homogenen Ausbreitungsmedien, ist höher, durch die Umwelt einen geringeren Widerstand in der Ausbreitungsrichtung zu erfahren und sich schneller auszubreiten. Durch das Hinzufügen von Querverschiebungen, bzw. spiralförmig, zeitlich abgestimmte umgebende Verschiebungen, in einer Ausbreitungsrichtung, kann der Widerstand in der Ausbreitungsrichtung sogar auf Null eingestellt werden. Dies gilt für den Effekt der Supraleitung. Analog ließe sich der Para- und Ferromagnetismus für die Strömungsfeldausbreitung betrachten. Demnach würde dieses sich im Inneren, aufgrund des definierten Leitungsweges, eines solchen Materials ungehinderter Ausbreiten als um das Material herum. Neben der bekannten Betrachtungsweise, dass sich die Materieelemente in „Strömungsfeldrichtung“ ausrichten oder rotieren, möglicherweise reflektiert werden bzw. die Materieposition einzelner Elemente sich ändert, ist der additive umgebende Drehimpuls, falls vorhanden, z.B. eines einzelnen Elektrons oder einer hintereinander Anordnung von Protonen in unmittelbarer Nähe zur Durchleitung entscheidend. Es handelt sich damit analog zur Supraleitung um eine widerstandslose bzw. widerstandsreduzierte Ausbreitung. Der Ausbreitungsweg wird im Idealfall vorab linearisiert bzw. vor Kollisionen abgeschirmt um dem Hauptimpuls die Durchdringung zu erleichtern. Es entsteht eine zusätzliche Kraft bzw. Beschleunigung, vorstellbar als Rollenband, zur Durchleitung. Spürbar als magnetische Kraft. Bestimmte Impulsausbreitungen bevorzugen äquivalente Ausbreitungsmedien, die von der anfänglichen Verschiebung und den Raum- und Materieeigenschaften abhängen. Entscheidend für den Ausbreitungswiderstand bei entgegen-gesetzter Ausbreitungsrichtung sind, neben den klassischen Massenverhältnissen als Dichte- bzw. Gewichtsbetrachtung, die Größenverhältnisse als räumliche Verteilung (und damit Schwerpunkte) der mindestens zwei betroffenen Elemente. Ernst Mach definierte, dass das Impuls Übertragungsverhältnis in der Beziehung zum Massenverhältnis steht. Diese vereinfachte Betrachtung, lässt sich fast immer in Einzelkontaktflächen oder Minimalkontaktpunkte mit der jeweiligen verbundenen Masse zerlegen. Die verbundene Materie oder verknüpfte Materie, deren Verknüpfungsausbreitung und Räume dazwischen sind letztendlich das wichtigste Ordnungskriterium.

Die Materie und die äußere Umwelt ist ein Medium für die Ausbreitung. Für einen kleineren Abstand zwischen den einzelnen Impuls Trägern/ Kollisionen, bei gleicher anfänglichen Kraft, in einem widerstandsbehafteten Medium, genügt ein schwächerer Impuls. Die Beschreibung "Kleinerer Abstand" ist in Bezug auf direkt kontaktierende Materie Elemente, die verschiedenen molekularen/ atomaren Kerngrenzen und die räumlichen Abstände zwischen den einzelnen zu überbrückenden Materie Elementen zu sehen. Wenn die Impuls Träger eng ausgerichtet sind und die anfängliche Verschiebung mit der notwendigen Anregung übereinstimmt, ist die Übertragung des Impulses schneller. Es kommt bei konstanten Umgebungsbedingungen zu keiner Ausbreitungswiderstandsänderung in Ausbreitungsrichtung. Eine dichte Anordnung von Impulsträgern ermöglicht eine schnellere Verbindung und eine höhere Anzahl von Impulsen Transfers pro Zeiteinheit (mit denselben bindenden Umgebungsbedingungen) im Vergleich zu einer lockeren Trägerstruktur. Die beobachtete schnellere Ausdehnung im Raum kann logisch mit dieser Annahme erklärt werden und könnte als Kondensations- Effekt visualisiert werden (vgl. [2]). Turbulenzen bilden den Bereich eines größeren Ausbreitungswiderstandes, oft zeigt der Raum Lichteffekte und langsamere Transfers im Vergleich zu Orten mit schnelleren Ausbreitungen im Raum. Eine geordnete Struktur überträgt mit weniger Streuung bzw. Reflektionen oder Rückläufen. Einsteins Annahme der konstanten Lichtgeschwindigkeit im Vakuum für ruhende oder bewegte Beobachter basiert auf der störungsfreien Übertragung. Nicht in Strömungsfeldrichtung bewegte

Beobachter würden im Vergleich zu den ruhenden, mehr Störungen/Turbulenzen im Ausbreitungsmedium erzeugen oder anders betrachtet, eine Änderung des Widerstandes in Ausbreitungsrichtung hervorrufen. Wobei die Größenverhältnisse zwischen bewegtem Objekt und Umgebung (Raum) wichtig sind. Beobachtungen von Nimtz stiessen auf eine Impulsausbreitung mit einer Überlichtgeschwindigkeit. Dies wurde später aber nur Teilen des sich ausbreitenden Impuls zugeschrieben und wieder rechnerisch relativiert. Unter der Verknüpfung mit dem Postulat zum schwarzen Strahler, liesse sich beim Durchqueren des Impulses durch eine Röhre/Tunnel, eine zusätzliche Beschleunigung des

Impulses, aufgrund von Signalteilen welche sich im Röhrenrand fortbewegen bzw. springen und auf den vordersten Teil einwirken, erklären. Es ergibt sich ein Unterschied in der Reflektion zwischen Innen - und Aussenraum oder gleichem Material, dass sich rechts und links von der Ausbreitungslinie im Rand der Röhre befindet. Dieser äussert sich auch durch eine ungleichförmige Temperaturverteilung. Die Weiterleitung bzw. Verlängerung der Wellenlänge als „Käfig/Fokusierung“ erzeugt am Ausgang in Strömungsrichtung „höhere“ Temperaturen. Bisher waren wir nicht in der Lage, eine bedeutende zusätzliche Beschleunigung zu jedem bewegten Lichtträger zu produzieren, den wir als Beweis für oder gegen Einsteins Postulat heranziehen würden. Jedoch gibt es Experimente (Cern 2011) die bereits eine Messung der Überlichtgeschwindigkeit von Neutrinos zeigen. Die definierte Geschwindigkeit c ist eine Ableitung aus der Impulsentstehung und dem als leer betrachteten Raum. Die Beschleunigung kann das Element z.B. über ein Einreißen von Materie, z.B. blasenähnliche, zylinderförmige oder torusähnliche Materie, über ein Spin, mit entsprechender Ablösung der Materie, erhalten oder das Schließen einer Lücke wobei dadurch unter gewissen Bedingungen das Signal schneller transportiert werden kann. Kohlenstoff zeigt oft in seiner freien Form eine fünfeckigen Volumenkörper. Zur

Veranschaulichung dient ein Blick auf C- Fulleren. Kalzium lässt sich mit ausgebreiteten und aneinander hängenden C-Fulleren vergleichen. Silizium ist dabei dem Kohlenstoff als weitere „Stufe“ sehr ähnlich. Die schliessenden Flächen zwischen den Kanten mögen sich in gewissen Bewegungszuständen ablösen. Dies geschieht mit einer bestimmten Beschleunigung. Wasserstoff und Kohlenstoff wird in Sternen oder der Sonne ständig aus einer sehr heissen Umgebung in den kalten Weltraum befördert. Die Materie friert sehr schnell ein und ein Einreissen oder platzen ist gut vorstellbar. Der Autor bezweifelt eine lineare Abhängigkeit zwischen der möglichen Geschwindigkeitszunahme und der Widerstandsänderung. Damit wäre das Einsteinsche Postulat eine Näherung, wobei mögliche Terme höherer Ordnung vernachlässigt werden. Diese Fehlenden führen, neben der bereits eingeführten relativistischen Korrektur, schließlich zur Abweichung der Berechnungsergebnisse im Vergleich mit den relativistischen Korrekturen und mit den Ergebnissen der klassischen Mechanik bei höheren Geschwindigkeiten. Eine Rotation um die eigene Achse in einer gleichzeitigen transitorischen Bewegung lässt sich in einer differenzierten Geschwindigkeitsbetrachtung berücksichtigen oder als Zusatzterm addieren.

$E_{rot} = 1/2 J * \omega^2$

hinzufügen. Wobei es sich beim J um das Trägheitsmoment und bei w um die Winkelgeschwindigkeit handelt. Auch lässt sich der Widerspruch zwischen der klassischen Mechanik und dem Elektromagnetismus auf die veränderte Ausbreitung durch eine Impulsübertragung bzw. dem Stoßprozess (elastische und unelastische) im Ausbreitungskanal zurückführen. Die Betrachtung vereinheitlicht sich im Sinne einer Impulsbetrachtung und wird in folgenden Kapiteln erläutert. Licht wird im folgenden Text immer als Teilchen betrachtet. Demnach kommt es beim Auftreffen auf andere Materie Elemente zur Ablenkung und Streuung.

Auch sind beim Auftreffen auf anderer Materie angestossene Rotationen denkbar, solange die Materiedimensionen vergleichbar sind. Fotosynthese betreibende Pflanzen benötigen auftreffendes Licht. Der an dieser Stelle angestossene Effekt erzeugt Wärme bzw. resultierende Bewegung die ein Aufbäumen oder Austreiben zur Folge hat. Effekte ohne den Lichteinfluss bedürfen auch einer Wärmequelle bzw. einer Verschiebung.

Beim Auftreffen können durchaus Teilchen oder blasenähnliche Hüllen verschiedener Größe entstehen, die einen Raum durch Impulsweitergabe unterschiedlich schnell durchdringen, eine geometrische Form sich in einem gewissen Winkel ausrichtet oder sich eine resultierende Schwingung im Raum weiter ausbreitet. Diese Art Filter könnte man sich in verschiedenen Farben vorstellen. Wobei durch das Strömungsfeld einen Einfluss auf die Verteilung anzunehmen ist.

Der Annahme folgend, dass ein von einer Quelle erzeugter Impuls den gleichen "äußeren" Impuls erzeugen würde („äußeren“ bedeutet in diesem Zusammenhang außerhalb der

Primärreaktion), würde die Annahme gelten, dass die Masse von zwei Fusionselementen als Quellen einer Energieverschiebung, multipliziert mit einem Faktor, gleich der erzeugten Kraft über Reaktionszeit ist. Fügen wir auf beiden Seiten dieser Gleichung die Entfernung hinzu, kann die bekannte Einstein-Gleichung extrahiert werden (einfaches atomares Energieverteilungs- Parabel Modell).

Impuls (Fusion) = Impuls(transfer) =>

$$F \cdot t \cdot \mathrm{s} = \mathrm{s} \cdot m(\mathrm{t}2) \cdot v(\mathrm{t}2) \qquad => $$

$$\frac{s}{t} \cdot m(\mathrm{t}2) \cdot v(\mathrm{t}2) = \mathrm{w}$$

vergleiche $\mathrm{E} = \mathrm{m} \cdot c^2$

$v(t2)$= Geschwindigkeit der Reaktionselemente austretend, z.B. Partikelstrahler, (t2) Zeit austretend

(nicht immer Lichtgeschwindigkeit c, vereinfachte Annahme: Eintritt gleich Austrittsgeschwindigkeit),

t= Zeit der Verschmelzung,

F= Kraft

s = Abstand, bezüglich dem Fusions- bzw. Reaktionsort als Materieausdehnung, (es lässt sich unterscheiden zwischen zwei nun verbundenen Materieelementen, die eine fusionierte Einheit bilden bzw. sich dadurch in ihrer geometrischen Ausdehnung geändert haben und den abgestrahlten Materieelementen, die sich vom fusionierten Bereich entfernen)

w = Arbeit

$v(\mathrm{t2}) \cdot \mathrm{p{=}Eg}$ $\qquad$ $c(\mathrm{t2}) \cdot \mathrm{p{=}Eg}$

Bei mehreren Fusions- Elementen in einer Quelle gilt die Summe in Bezug auf die Zeit.

$\mathrm{Eg} = \mathrm{Quelle} \sum c(\mathrm{t2}) \cdot p$ n[Nm],

Die Quellensumme oder Summe aller Einzelvorgänge, ergibt sich aus der relevanten Austrittsgeschwindigkeit multipliziert mit den Einzelimpulsen.

Eg = Energie austretend

(Absorption und Reflektionen vernachlässigt)

p = Impuls einer einzelnen Fusion,

n = Anzahl der Einzelimpulse/Fusionen ohne eine Kompensationsbetrachtung

Es ist möglich den Summenzusammenhang mit einem Minus zu versehen, um die Abnahme der Energie an der betrachteten Position zu berücksichtigen. Unter der Annahme, dass als rotierenden Vorgänge sich mit der identischen Rotationsgeschwindigkeit bewegen, kann davon ausgegangen werden, dass die austretende Energie bzw. Teilchenstrahlung auch eine identische Geschwindigkeit hat. Eine mögliche Erklärung für die konstante Lichtgeschwindigkeit. Diese Annahme passt zur Beobachtung, dass ein Stern gewöhnlich mehr abstrahlt als in diesen hineinströmt. Neben der identischen Austrittsgewindigkeit, kommt immer noch die Bewegungsgeschwindigkeit des Universums in Betracht, solange man einen Fehler in der Erkennung der Bewegungsgeschwindigkeit annimmt.

Ein ausgeglichener Zustand der Rotationsmaterie gibt weniger Energie an die sich in der Umgebung anschliessende Materie ab. Ein symmetrischer Rotationskörper erzeugt aufgrund der ausgeglichen Masseverteilung weniger Impulse als ein Unsymmetrischer. Betrachtet man verschiedene Muster von verschiedenen elektromagnetischen Spektren die bereits gesammelt wurden, so erscheint es offensichtlich, dass wir den selben Effekt aus verschiedenen Perspektiven betrachten. Die gemeinsame Basis zwischen zwischen der Quanten- und Wellentheorie ist der Impuls bzw. eine Verschiebung. Erkenntnisse von Physikern und anderen aus der Vergangenheit passen zu dieser durch Überlegungen erzeugten vereinenden Betrachtung. Im folgenden werden bekannte Erkenntnisse mit der neuen Sichtweise zur Materie Formation in Einklang gebracht oder modifiziert.

Das Huygens-Prinzip, das jeden Punkt einer Wellenfront als Ausgangspunkt einer neuen Welle definiert, kann durch Austausch des Wortes "Welle" auf den "Impuls" übertragen werden. Jeder ankommende Impuls wird Neue erzeugen, wenn er auf ein Element bzw. eine Raumänderung trifft.

Viele dieser Einzelquellen bilden als Impulserzeuger die Ausbreitungs-Energie/Verschiebung (vgl. auch [4]).

Für alle diese Impulstransfers ist ein gewisser Querschnitt notwendig. Dabei ist die Betrachtung der übertragenen Energie in einer Zeit erst einmal zweitrangig. Im Modell zur Impulsübertragung konnte die Plancksche Konstante als notwendiger Querschnitt oder Federelement der Erweiterungen für die Impulsübertragung interpretiert werden, der vom Elektronenquerschnitt abgeleitet ist. Diese Sichtweise würde das Plancksche Verständnis eines quantisierten/ unterbrochenen Flusses erklären, da nur die beweglichen Elemente, wie z.B. Elektronen zur effizienten oder noch kleinere Materie, für die Impulsübertragung zur Verfügung stehen. Die Übertragung des elektrischen Feldgedankens in ein mechanisches Model, läßt auf Anhieb die Frage nach der Richtungsabhängigkeit dieser Vorgänge entstehen. Erklärbar wird diese Ansicht, wenn die Leitungsbahn bildenden Strukturen komplexer und verschachtelter angesehen werden.

Die von Planck beobachtete Änderung der Lichtfarbe in Abhängigkeit von der Temperatur, läßt sich bedingt durch die umschliessende Kristallstruktur bzw. Struktur im allgemeinen, der Veränderung dieser und äusseren freien Weglängen erklären. Der Anstieg bzw. die Anzahl der sich stossenden Elektronen steigt mit der Temperatur. Es erscheint ohne eine Trennung der verschiedenen Größen, optisch heller je mehr der Kristallkanal oder auch zeitweise gebildeter Kanal, sich aufgefüllt und diese Elemente durch die Oberflächenstruktur fontänenartig austreten. Vereinfacht betrachtet ist die Wellenlängen die Austrittslänge entsprechend der Austrittslückenlänge. Das menschliche Auge empfängt die entsprechenden Längen bzw. angepasste Anregungen oder Impulse, durch verschiedene Rezeptoren, und wir empfinden die bekannten Farben.

Laufzeiten ändern sich nicht nur aufgrund unterschiedlicher Strukturlängen, sondern auch in Kombination mit dem Positionswechsel der Rotationskörper (Präzision) in oder ausserhalb der Struktur. Diese Positionsänderungen verkürzen oder verlängern den Ausbreitungsweg bis zur Reflektion. Damit ändert sich das Farbempfinden während der Darstellung im menschlichen Auge.

Die im Stefan Boltzmann Gesetz beschriebene Temperaturabhängigkeit zur vierten Potenz, passt u.a. in diesem Zusammenhang zu rechteckförmigen Polygon Kristallstrukturen und den bei der Betrachtung auf die Austrittsfläche sichtbaren vier Reaktionswänden der Materialstruktur.

Elektronen werden in dieser Betrachtung als nahezu kugelförmige ungebundene Materieelemente betrachtet. Die Oberfläche kann verschieden ausgeführt sein, z.B. mit Noppen, Knoten, stachelförmig, glatt, Spitzen, länglich, federnd, fasrig etc. Wenn diese Noppen oder Knoten aus feinstem Sauerstoff, eine Art Ursauerstoff, bestehen ergäbe dies eine gute Erklärung für das Abstoßungsverhalten, Leuchtverhalten oder Durchschlagsverhalten unter Druck.

Neben dieser Elektronendefinition, ist die Definition für einen allgemeineren Impulsüberträger für die Beschreibung aller Leitungsvorgänge wichtig. Schwingende, relativ elastische Materieverknüpfungen eingenen sich zur Weitergabe von Leitungsvorgängen, wenn diese eine Art von Schwingungskette bilden. In der Aufsicht betrachtet erscheinen diese, z.B. Stäbe oder Pendel, auch als kugelförmige Materie.

In der bisherigen Sichtweise stoßen sich gleiche negative Ladungen ab. Dies ist im Einklang mit dem von Pauli definierte Prinzip. Diese Abstossung und örtliche Besetzung ist auch mit „Rollbahnen/Rinnen“ und Schwingungspunkten erzeugbar. Gleichzeitig würde diese Vorgabe dazu führen, dass freie Elektronen der identischen Größe immer gleich verteilt sein müssten, d.h. im gleichen Abstand voneinander zur Ruheposition oder zur stabilen Umlaufposition im gleichen Abstand gelangen. Dies ist nicht der Fall.

Den oben aufgezeigten Erweiterungen, wie z.B. den Noppen, ist ein gewisser Federeffekt immanent. Die Verkürzung, Verlängerung oder Drehung führt zu unterschiedlichen Laufzeiten und wirkenden Kräften. Laufzeiten im Sinne einer zeitlichen Betrachtung, die für das Zurücklegen einer Strecke benötigt wird.

Damit verbunden ist eine Änderung der erzeugten Wellenlänge. Bisherige Vergleichsrechnungen zwischen der Colombkraft und der Gravitationskraft mögen aufgrund der falsch angenommenen Längen derart stark variieren. Feinste „fadenartige" Fortsätze mögen zu gewissen Messungen „aufgerollt" gewesen sein und zu einer um Größenordnungen abweichenden Radiusannahme geführt haben. Trotz dieser Überlegung wird die Gravitationskraft im Folgenden nicht auf die „Colombkraft" zurückgeführt.

Die bekannten Kugelschalenmodelle zur Darstellung einer Aufenthaltswahrscheinlichkeit, bzw. die existierenden Beobachtungen der Elektronen, sind aus dieser hier vertretenen Sicht eher Materialschwingungen und verschieden angelegte Umlaufbahnen oder Rinnen. Dirac hatte bereits Materialvertiefungen, im Bezug auf Elektronen die ihren Aufenthaltsort verlassen hatten, erwähnt. In der Darstellung sind die Elektronen an Vertiefungen in der neutralen Struktur eingefügt und

bilden deshalb bei einer Kollision, falls eine Ansammlung freier bzw. schwachgebundener Elemente vorhanden ist, eine Lawine, die sich als quantisierte Energieniveaus darstellen. Freie Lawinen sind möglich solange der Elektronenaufenthaltsort nicht, z.B. durch eine Gitterstruktur, überdeckt ist. Analog zu einer

Lawinenlänge eignen sich auch fadenförmige Verlängerung bzw. „Ketten“ in gewissen Längen zur Erzeugung einer bestimmten Wellenlänge.

Neben radial verteilten Furchen, erzeugen drehende Spitzen in der Aufsicht den Eindruck von Schalen gem. dem Bohrschen Atom Model. Eine Materialspitze die durch ein quantisiertes Strömungsfeld angeregt wird und mit einer gewissen zeitlichen Auflösung betrachtet wird, erscheint bei unzureichend schneller Betrachtung als nicht klar erkennbare Materialstruktur bzw. Wolke. Verklemmungen von Materialspitzen als Verbindungsprinzip sind möglich.

Diese Spitzen bilden sich aus Strömungfeldwirbeln begünstigt durch

Strömungsfeldschnittmengen (Eine Erläuterung folgt im Kap. 2.2). Eine häufige Form läßt sich als Kombination (Ober und Unterseite) zwischen einer quadratischen und einer E-Funktion beschreiben.
Eine stetig wirkende Kraft, vom Massezentrum ausgehend wirkend, würde diese Schwingung der Materialspitzen nach einer gewissen Zeit zum erliegen bringen. Die von Heisenberg definierte Unschärferelation läßt sich, neben der Ausbreitungswiderstandsbeeinflussung durch die Messung, auch diesem Schwingungsprinzip bzw. der Torsion zuordnen. Auch ein Zerplatzen bzw. Zerfallen in Einzelteile lässt sich in eine örtliche Unschärfe, als auch in eine Teilung der Materie bzw. das Vor-

kommen an zwei verschiedenen Orten zuordnen. Die örtliche Änderung eines Teilchens auf einer Weglänge ist in den meisten Fällen einfacher zu beobachten als die einer stationären Kreiselbewegung. Die Kreiselbewegung (hier des Elektrons oder Photons) wird bei symmetrischen Körpern lediglich über eine Abweichung der Oberflächenstruktur bzw. Erscheinung erkannt. Gleichzeitig beschäftigte sich Heisenberg mit einem sogenannten Urfeld.

Die Boltzmann-Konstante wäre aus dem Verhältnis zwischen Schwingungszustand und Temperatur, gewisser, unterschiedlich dichter Atom-Strukturen, bestehend aus Protonen und/oder Neutronen bzw. deren Fortsätze, abgeleitet. Das materialinterne Strömen von Elektronen ist aus dieser Sichtweise vorstellbar wie ein Strahl durch ein Röhren und Gittersystem mit den entsprechenden Reflektionen die teilweise seitlich austreten. Die Entstehungsmöglichkeit von homogenen Röhren ist in unserem Sonnensystem geringer als die Entstehung einer spiralförmigen oder verdrehten mehrschichtigen Röhre. Die Federwirkung ist dadurch sicherlich nicht vernachlässigbar. Diese Röhren können aufgrund der Dreh- und Wipp-Bewegung unseres Sonnensystems entstehen. Die austretende Materieverteilung (Elektronen) entspricht den Maxwell-Gleichungen. Auch kann die Mischung von Dichteänderungen, je nach Material, in Bewegungsrichtung in homogene Modi aufgeteilt werden und sich jeweils kompensieren. Dipole, z.B. Tenside, können eine solche Gitterstruktur erzeugen und bilden damit eine Art Polarisationsfilter. Der Impuls wird entlang dieser Strukturen übertragen. Dipole werden in dieser Betrachtungsweise im weitesten Sinn als unsymmetrische Materiestrukturen betrachtet.

Das richtige Materialgemisch und die Strömung um und durch ein Konglomerat von Materie, produziert eine größere Kompression als eine Abstoßung der Materie. In einfacheren Worten – eine Strömung vorbei an unstrukturierter Materie produziert "Reibung" bzw. Drehungen und eine Geschwindigkeitsreduktion. Die Abstände zwischen der Materie werden verändert. Verschiedene Bedingungen führen zu einem „Konglomerat“ (vgl. Abbildung 4). Diese Erklärung ersetzt die Vorstellung von der klassischen Anziehungskraft zwischen Materie.

Die klassischen Definitionen lassen sich in dieses Prinzip einordnen. Die Trägheit der Masse erklärt sich damit aus der stabilen Lage im Strömungsfeld mit der jeweiligen angepaßten Um- und Durchströmung. Zur Änderung der Position muss eine zusätzliche Kraft aus einer anderen Strömungsfeldrichtung oder mechanische Kraft einwirken. Das Verlassen dieser stabilen Ruhelage ist eine Änderung der Position der wirksamen Materieflächen. Es herrschen nach der Bewegung andere Kräfteverhältnisse und Reflektionen. Reflektionen erleichtern die Bewegung des Gesamtkörpers.

2.1 Die Durchdringung von

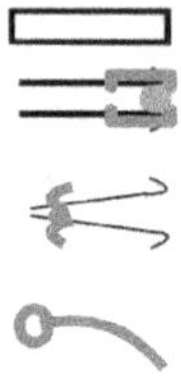

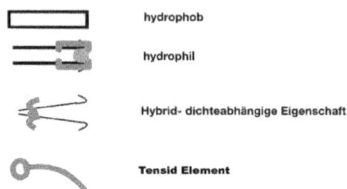

Abbildung 3: Vereinfachtes Beispiel einer geschlossenen hydrophoben Materialstruktur, einer mehrheitlich halbseitig offenen hydrophilen Röhren/Kreisel Struktur, einer sich verengenden Röhrenstrukur und hydrophoben mit Hohlraum Element jeweils in Schnittdarstellung.

Materiestrukturen und Ein-

teilungen

Symmetrische Materieanordnungen im Raum erzeugen als Gegenelement zu einer kontinuierlichen Quelle im Raum, aufgrund einer geringeren Anzahl von Kollisionen einen geringeren „Durchtrittswiderstand". Somit ist die strukturierte Materieanordnung ein Mechanismus zur Ordnung, eine Folge einer Quelle und eine Verringerung der Entropie.

Die aus dem Experiment mit einem Spalt bekannte Brechung kann auf die innere radiale Spitze des Atomkerns übertragen werden und zeigt die typischen „Kugeln" als Schwingungswahrscheinlichkeiten. Gekreuzte Kettenstrukturen erzeugen wechselnde Durchgangsmuster, je nach Winkelstellung der einzelnen Kettenelemente. Eine Öffnung stellt sich dadurch in verschiedenen Größen dar. Die in verschiedenen Winkel n, im Bezug zur Durchtrittsanordung, angeordneten Seitenwände erzeugen verschiedene Reflektionswinkel. Die Wahrscheinlichkeit für die Ablenkung kann sich bei den Darstellungen eines elliptischen Rotationskerns unterscheiden. In der Kombination mit einer röhrenförmigen Zuleitung des materialdurchdringenden Elementes, kann der elliptische (oder runde mit bogenförmigen Ausläufen) Rotationskern, je nach seiner Stellung, eine Vorzugsrichtung der Durchströmung erzeugen. Die Amplitude und die Richtung der Schwingungen hängen von der Material- Komplexität/ Struktur, der möglichen Rotation und der entsprechenden Schichttiefe ab. Darüber hinaus sind die üblichen Umgebungsbedingungen wie z.B. Temperatur und Strömungsfeld zu beachten. Mehr Kollisionen bilden Bereiche mit höheren Temperaturen und eine höhere Wahrscheinlichkeit für eine richtungsgeordnete reduzierte Verschiebung/Ausbreitung (man vergleiche dazu die ungeordnete Bewegungsrichtung zur sogenannten Brown'schen A. Bewegung). Der Anstieg der Kollisionen aufgrund der Temperaturerhöhung führt zwangsläufig auch zu Materialverschiebungen. Möglicherweise besteht der Kernbereich der Partikelemitter aus einer gemischt komplexen Struktur in den äusseren Bereichen des Atoms/ Moleküls. Diese Austritte von evtl. eingeschlossenen wesentlich kleineren Elementen beeinflussen die Erscheinung eines aufgenommen Farbspektrums, wenn die Materie von Innen oder Aussen angeregt wird. Als Partikel, wird in diesem Text, das kleinste feststellbare Materieelement verstanden. Das Verständnis des kleinsten Elementes, dass mit einem Feld in Schwingung gerät wird nicht unterlegt, da eine Schwingung bereits in der Bewegung über einen Impuls hinausgeht. Jedes feststellbare Teilchen lässt sich über einen Impuls verschieben.

Die Gitter/Kristallstruktur, ein gasgefüllter Raum oder ein von Elementarteilchen durchströmter Raum ist, je nach Temperatur, bzw. durch das Strömungsfeld, immer in Bewegung. Passierende Materieelemente, z. B. Photonen, kollidieren, besonders am Rand der Gitter/Kristallstruktur bzw. werden reflektiert und erzeugen die typischen Spaltmuster oder Streuungen. Diese Reflektionen, mit den sich daraus ergebenden Verdichtungen, treten dabei sowohl in Ausbreitungsrichtung als auch quer zur Ausbreitungsrichtung auf (zwischen den Wänden des Spaltes). Besonders gekreuzte metallische Kettenstrukturen erzeugen, wie oben beschrieben, je nach Winkelstellung, wechselnde Durchgangsmuster. Zu beachten ist dabei, sowohl die Qualität und Winkeltreue der Partikel erzeugenden Quelle, als auch das Spaltmaterial mit den bekannten Kern/Elektronenstrukturen. Gemäß der involvierten geometrischen Strukturen wird die Richtung der Impulsausbreitung bzw. die Partikelflugbahn beeinflusst. Möglicherweise bewegt sich zusätzlich das gesamte betrachtete System. Es bilden sich die typischen Häufigkeitsverteilungen bzw. beim Materiedurchtritt Spaltmuster. Elastische Stossprozesse erzeugen verformte Partikel deren Materierand, je nach verwendetem Material, wiederum eigene „Schalenmuster“ erzeugen. Zusammenfassend kann die beobachtete Nichtvorhersehbarkeit von Partikeldurchtritten durch ein Spalt oder auch Doppelspalt den Änderungen der jeweiligen geometrischen Versuchs-Konstellation zugeschrieben werden.

Mit dieser Betrachtung kann das „Paradoxon“ oder Nernstscher Wärmesatz nach dem dritten Hauptsatz der Thermodynamik erklärt werden. Er sagt aus, dass der absolute Nullpunkt der Temperatur nicht erreicht werden kann.

Am Nullpunkt Kelvin sollte alle Materie ruhen und die Entropie wäre Null für kristalline Objekte bzw. ohne bewegliche Teilelemente, aber nach dem dritten Hauptsatz würden wir eine Materie Bewegung am Nullpunkt registrieren (bisher wurde die Temperatur Null nicht erreicht). In einem Strömungsfeld gibt es eine Bewegung, die primär nicht im Bezug zur Temperatur steht. Eine Temperaturänderung ist eine Folge der am Betrachtungsort herrschenden Bewegung. In der Thermodynamik beschreibt die Temperatur, wie sich die Entropie eines Systems bei Energiezufuhr ändert. Die Wärmeenergie kann durch die Bewegung des Gesamtsystems des Betrachtungsraumes (z.B. die Milchstrasse) nicht verschwinden bzw. negativ werden. Die Entropie kann dabei in einem abweichenden Verhältnis zur Änderung der Wärmeenergie stehen. Möglich wird dies durch resonante/

gedämpfte Schwingungen oder veränderte Kreiselbewegungen. Genau betrachtet gibt es im All keine Grenzen. Widerstandsänderungen sind vorhanden. Damit kann ein Stillstand nur im Gesamten entstehen. Solange eine Bewegung vorhanden ist, ist auch die Temperatur >0.

Das Einbringen einer Messsonde kann die Entropie erhöhen. Wodurch W. Heisenbergs Formulierung zur Entropie Zunahme durch eine Messung nachvollziehbar ist, wobei eine Barriere nicht unbedingt eine erhöhte Bewegung des Betrachtungsraumes und seiner Füllung erzeugt. Seine Ergebnisse lassen sich in einen möglichen Schwingungsbereich und verteilte „Ladungen“ transformieren, die zu einer Lawine in den Gitter/Kristall-Materialstrukturen führen könnten. Heisenbergs Formulierungen können somit in diese Theorie/Überlegungen integriert werden. Dies wird besonders in der experimentellen physikalischen Überlegung zur Messbarkeit eines transienten Vorganges deutlich. Letztendlich ist die Impulsbeschreibung ein dynamischer Vorgang, wobei die Lokalisierung des momentan überschrittenen Ortes immer von der zeitlichen Auflösung abhängig ist. Zur Bestimmung in Ausbreitungsrichtung (z) ist idealerweise die Ausbreitung quer dazu (x,y) Null. Die Bewegung wird als reflektionsfrei angenommen und bei einer Geschwindigkeitsbestimmung in Ausbreitungsrichtung (z) ist die räumliche Änderung (x,y) Null. Das Gleiche gilt für eine Änderung in x,y Richtung, wobei z konstant bleibt. Zu beachten ist neben der zeitlichen Auflösung in der räumlichen Ausbreitung (x,y,z) auch der Sonderfall einer Bewegung auf der Stelle- einer Rotation (siehe Abbildung 1). Jede Grenzschicht führt zu Reflektionen und damit zu einer Änderung der Ausbreitung. Jedes Einbringen eines Messgerätes erzeugt eine Grenzschicht. Jedes betrachtete Materieelement wird durch die Impulsgabe innerlich oder äußerlich bewegt und kann aufgrund seiner Dimensionierung an einem Ort, nur eine gewisse

Energie aufnehmen ohne zum größten Teil den Ort zu verlassen.

Abbildung 1: Eine inhomogene Kreiselform etwa aus einer Materialkette gebildet.

Der Querschnittbereich, der für eine der für eine Kollision zur Verfügung steht ist näherungsweise mit einer „Elektronenkugel" vergleichbar. Andere geometrische Formen können Kollisionen bzw. Impulse nur durch ein elastische Formveränderung weitergeben. Die Formveränderung kann sich zyklisch wiederholen, mit einer Frequenz f, die Elastizität bzw. Kompression einen gewissen Größenbereich aufweisen (vergl. das Plancksche Wirkungsquantum und die Festlegung eine Zeitinvertervals) und damit eine Energie übertragen. Das Proton nähert sich mehr der Form eines Kreisel. Im Falle des inhomogenen Kreisels (Abbildung 1) sind, auf einer Ebene betrachtet, zwei nicht direkt verbundene Materiebestandteile auch verschränkt. Durch die in diesem Fall gewickelte Struktur, kann ein Punkt auf einer Seite, nicht direkt durch ein Band mit einem Punkt auf der gleichen (Schnitt) Ebene, auf der anderen Seite eines Körpers verbunden sein. Trotzdem rotiert die Einheit aus den betrachteten Punkten (mehreren

Bändern) synchron. Inhomogene oder unsymmetrische Kreisel bewirken mit ihrem Ausschlag auch Inhomogenitäten in ihrer Umgebung. Teilchenströme, wie z.B. Licht, werden entsprechend gebremst oder durchgelassen. Der inhomogene Planet Erde kann auch als Kreisel angesehen werden. Ein rotierender Kreisel kann seine Hauptdrehrichtung durch einen ankommenden Aufprall/Impuls ändern. Dabei zeigt die Betrachtung der Oberseite/Spitze des Kreisel den größten Ausschlag.

Zwei Kreisel können wegen ihres Spins kaum verbunden werden. Aus der hier vertretenden Sichtweise werden Protonen als bewegliche

Materie, ausgestattet mit zumindest einem anfänglichen Drehimpuls, im Sinne eines Spin, bzw. der Drehung um die eigene Achse, angesehen. Die wirkende Kraft verletzt nicht den Energieerhaltungssatz, da eine wirksame Strömung unterstellt wird.

Der Rotationskörper kann dabei verschiedene Ausführungsformen beinhalten. Die Verteilung der Masse mag punkt- oder achsensymmetrisch ausgeführt sein oder Lücken entlang des Rotationskörpers aufweisen. In diesem Sinne zählen auch drehende Ringe um ein starres Zentrum zur Protonendefinition. Fraglich ist dabei die Unterscheidbarkeit eines Materiekörpers abhängig vom jeweiligen Stand der Auflösbarkeit.

Mit einem sehr großen Impuls bzw. Hitzezuführung können diese rotierenden Protonen miteinander kollidieren und damit ein neues Element mit sehr unterschiedlichen chemischen Eigenschaften bilden. Denkbar ist z.B. eine 180 Grad gedrehte Annäherung, welche eine Verringerung des Drehmomentums erzeugt, bevor der Kernabstand sich reduziert.

Die Rotation eines solchen Kreisels kann stabil sein, solange die Reibung des Kontakt-Oberflächenelements kleiner ist als die strömende "antreibende"-Kraft.

Komplexe Protonenstrukturen weisen Vertiefungen, Räume, Einschlüsse und Durchtunnelungen auf und können damit auch dem Elektronentransport dienen. Auch als getrennt erkannte Strukturen von Protonen und Neutronen, können, nach dieser Definition, als komplexe Protonen bzw. Kreisel eingestuft werden, solange die kombinierte Struktur rotiert.

Alle anderen Strukturen werden als Neutronen verstanden, die in Relation zum Kreisel fixiert und relativ an Ort und Stelle verbunden sind.

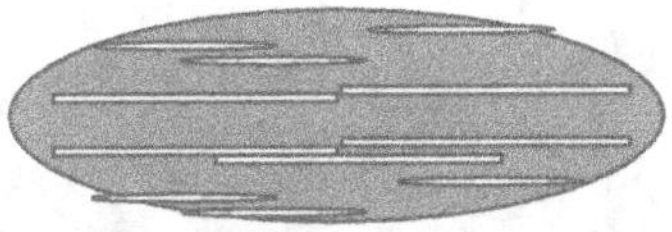

Abbildung 2: Protonenveränderung als ausrichtbarer Ellipsoid mit Schrumpfungsfurchen

Ein ruhendes Proton vollzieht nach dieser Definition eine Wandlung von einem rotierenden Proton zu einem beweglichen Neutron.

In diesem Text werden Kreisel in Beziehung zu Protonen gesetzt. Vorzugsweise sind diese ausgeglichene Rotationskörper, z.B. kugelförmige oder längliche Elemente in einer Kreisrotation. Gewöhnlich sind diese beweglich in der Materie eingebettet. Diese restliche verhältnismäßig stationäre Materie wird als Neutron bezeichnet. Kreisel können insgesamt durch eine Trocknung oder Schrumpfung z.B. der dadurch nutzbaren Drehachse entstehen. Zwei unterschiedliche zusammengesetzte

Materialien weisen durch Temperaturschwankungen unterschiedliche räumliche Ausdehnungen/Veränderungen auf. Dadurch können diese beiden Materialien sich räumlich trennen. Umgibt das eine Material das andere, entsteht möglicherweise ein dynamisches System. Diese Kreisel oder Körper werden von Elektronen umgeben oder diese sind in der Materie eingebettet bzw. aufgelegt. Auch durch Temperaturunterschiede entstandenen Furchen eignen sich bestens als Leitungskanäle, die bei einer entsprechenden äußeren Beaufschlagung, z. B. durch Elektronen, eine entsprechende Vorzugsrichtung des Ellipsoides erzeugen.

Der Effekt die Materialstrukturen durch eine bestimmte Behandlung auszurichten wird als Magnetisierung verstanden. Eine Ausrichtung von anfänglich beweglichen Elementen kann wie in Abbildung 2' dargestellt, die Impulsweiterleitung ermöglichen oder nicht unterstützen. Besonders ergibt sich ein Effekt durch einheitlich ausgerichtete Rotationskörper. Man vergleiche zum Thema Rotationskörper die in diesem Text verwendete Protonendefinition. Mehrere parallele gleichgerichtete Rotationselemente sind vergleichbar mit einem größeren Kreisel. Von diesen Kreisel sind die Kreiselkräfte bekannt. Diese Kräfte bilden die spürbare Zugkraft. Im weitesten Sinne handelt sich sozusagen um eine kalte Fusion.

Eine immer mehr zunehmende gleichgerichtete Bewegung die damit nur noch als Gesamtkraft wahrgenommen wird. Wechsel-strommagnete, also Magnete mit wechselnden Stoßrichtungen, kommen gewöhnlich nicht natürlich vor.

Neben den Rotationskörpern, lassen sich veränderliche Effekte auch Änderungen in Durchgangsstrukturen zuordnen. Entscheidend ist dabei jeder geometrische Einfluss. Selbst einzelne Vertiefungen würden zu einem sprunghaften Effekt beitragen.

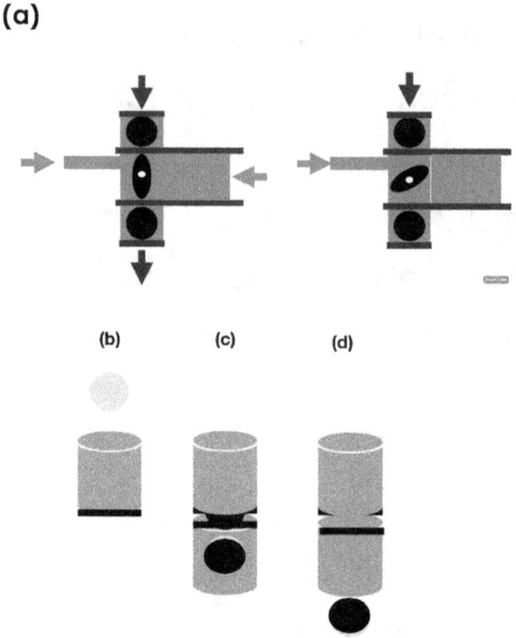

Abbildung 2': Leitungsstrukturen müssen zur Impulsweiterleitung entsprechend dimensioniert und strukturiert sein. Ein bewegtes „Elektron" (b) wird bei der Impulsweitergabe durch eine flexible Trennwand im Ausbreitungspfad (c)

entsprechend „ersetzt“ und ein anderes weiterbewegt (d). Ein Erweiterung der Abstände im Leitungspfad der Impulsleiter (a) unterstützt die Impulsweiterleitung nicht.

Ein ähnlicher Effekt der indirekten Weiterleitung tritt bei überlappenden Plattenstrukturen auf.

Die Eigenschaft der Trennwand oder auch „Membran“ ist neben rotierenden Elementen, entscheidend für den Widerstand, z.B. im elektrischen Sinne.

Das <u>Komprimieren von Materialien</u> führt zu den verteilten Veränderungen im "Rest" oder verschränkter Positionen. Jeder Spin ist im weiteren Sinn eine Wärmebeitrag und ein

Rauschen. Es entsteht u.a. durch das Anhalten der Drehbewegung mittels z.B. einer Kollision, Licht, und zusätzlich zum erkennbaren "weißen" Rauschen Wärme. Die Wellenlänge der Strahlung der Sterne kann zu kurz sein um für uns sichtbar zu werden oder als Teilchen wirken. Eine Gravitationskraft? Nur in einer länge verknüpfte werden fuer uns sichtbar.

Molekülketten können sich nach einer Richtungsänderung oder der Einnahme einer neuen Ordnung neu strukturieren und sich massiver in einer anderen Richtung ausbreiten. Aus einer Anströmung kann sich zirkulare Ausbreitung ergeben. Auch führt das Reißen der verbundenen Luftmoleküle aufgrund der Erdrotation in gewissen Überschallgeschwindigkeitsregionen zu Geräuschen bzw. Impulsen. Selbst das Reißen von Fulleren sollte messbar sein. Die Geschwindigkeitsbestimmung erfolgt gewöhnlich anhand von Relativbewegungen vor einem „feststehenden" Hintergrund. Schwierig wird diese Art der Bestimmung, wenn der Hintergrund sich nicht konstant entgegengesetzt bewegt. Eine Überlegung, dass sich der Effekt der schweren Masse aus unterschiedlichen Rotationsschalen ergibt, endet bei der Suche nach der Begründung der Rotationsquelle.

Mittels der Weiterentwicklung des Gedankens einer Ausbreitung durch eine Verschiebung lässt sich „Wärme“ oder auch, durch die Bewegung von mindestens zwei Elementen übertragen. Eine Richtungsänderung ist möglich, wenn mindestens zwei Kraftelemente wirken. (vergl. Newtonsches Gesetz). Genau genommen, wird der Newtonsche Zusammenhang F=m*a nun auf drei Vektoren erweitert. Die Masse ist durch ihre innere Feinstruktur auch eine gerichtete Größe.

Zwei Elemente in Bewegung, im Zustand der Reibung, Kompression oder Kollision können durch die fehlende Messauflösung, nach der Aufteilung, als ein Element, das die Gesamtgröße variiert, angesehen werden. Die Ausbreitungsimpulssequenz, besonders von verbundener bzw. verschränkter Materie, kann als Welle erkannt werden, die in der Wellenlänge variiert. Zeitlich wiederholte und örtlich versetzte Impulse können eine periodische Schwingung im Raum/Material dazwischen erzeugen. Somit ist die Welle immer die Folge bzw. der nachfolgende Effekt zu einer anfänglichen Verschiebung. Besonders längliche Materieelemente eignen, bei der Anregung ausserhalb der Mitte, sich besonders zur Erzeugung einer Wellenausbreitung. Es ergibt sich daraus ein einfacher Zusammenhang zwischen Teilchen und Wellentheorie.

Höher temperierte Elemente haben eine größere Schwingungsamplitude. Absorbierendes bewegtes Material erwärmt sich, wie wir es z.B. im Inneren eines Planeten wie der Erde messen. Für diese Elemente ist die Bindungskraft kleiner als bei Elementen mit geringer Amplitude/Oszillation. Der "längere" strukturierte Leitungspfad erhöht die Wahrscheinlichkeit für eine Durchdringung ohne eine Kollision. Es kommt nicht zu der schon bei Newton bekannten Kraft und Gegenkraft („Actio“ und „Reactio“). Jede Kollision erzeugt eine Gegenkraft. Analog zur Durchdringung wirkt die Umschliessung, vergleichbar mit einer Säule an deren Aussenseite Flüssigkeit abfliesst.

Eine Diffusion als Konzentrationsausgleich unterliegt, neben der Materie Abhängigkeit von größenentsprechenden Durchgängen, dem gleichen Effekt der Streungslinearisierung. Die kreisförmige Anordnung von Tensiden um ein gelöstes Element basiert auf dem gleichen Effekt. Eine verstärkt bewegliche Materiekonzentration, z.B. durch eine Wärmezuführung/Bewegungszuführung, verteilt sich durch die einzelnen Impulsübertragungen und deren Reflektionen an Materieübergängen bzw. Reflektionen an umliegenden Materieübergängen. Einzelne Materialelemente (z. B. Gas) und amorphe Schichten (z. B. Glas) transportieren die Bewegung weniger als in eine Gitterstruktur integrierte Elemente. Man stelle sich dazu eine kompakte Zusammenstellung von unterschiedlich grossen Glocken vor. Es entstehen unterschiedlich grosse Lücken. Eine impulsförmige Anregung von Aussen an der kompakten Zusammenstellung führt zu Ausschlägen der einzelnen Klangkörper und Schlägel aber eine systematische Übertragung kann aufgrund der unterschiedlich langen zu überbrückenden Wege nicht entstehen. Erst wenn alle Glocken die gleiche Größe aufweisen, ist eine Anregung definierbar, die zu einer vollständigen Impulsübertragung, im Sinne eines Durchschwingen aller Klangkörper und Schlägel führt. Betrachtet man diese Aneinanderreihung von Unten, springt, je nach optischer Fixierung, ein Impuls in einem starren Gitter.

Dichtere Gitterstrukturen mit beweglichen Elementen (z. B. Metall) geben mehr Elemente (z.B. Elektronen) über direkte Kollisionen am Elementübergang an ihre Umwelt ab. Dies führt zu einem besseren Kühleffekt. Gestoppte Rotationen fungieren als Impulsquellen von Teilkernbausteinen bzw. Strahlung und starten damit eine erneute Ausbreitung und Kollisionen. Im Falle einer kettenartigen Verbindung stossen nachgezogene Elemente bei dem Stop aufeinander und werden reflektiert. Weniger Impulsbeaufschlagung und Kühlung stabilisiert die Materie Formierung.

Dieser Effekt ist von hydrophoben und hydrophilen Elementen bekannt. (vergleiche Abbildung 3). Die jeweilige Eigenschaft wird stark durch Symmetrie und Asymmetrie bzw. der Aufnahme von Materie Elementen zur Erzielung des ausgeglichenen Zustandes beeinflusst. Ein stabiles Rotationsmoment kann dauerhaft nur von einem ausgeglichenen Kreisel erzeugt werden. Mehrere dieser Elemente können sich linearisiert bzw. strukturiert nebeneinander in Ringform anordnen. Es ist daher notwendig, dass die kombinierbare Materie sich entsprechend (im Flüssigkeitsraum) verbindet. Tenside bestehen geometrisch gesehen aus einem verdickten Ende und angehängten Bändern. Die Rotationsanordnung eignet sich zum Einschluss von anderen

Schwebstoffen im Strömungsraum (vgl. Streuungslinearisierung).

2.2 Gitterstruktur, Raum Zeit, Dichteänderungen, Dichteverschiebungen und Kraft

Die Ausdehnung des Materie im Raum hängt von der Materie selbst und der Temperatur ab.

Schneekristalle sind in der Regel nicht geschlossene Oberflächen. Mit Hilfe eines länglichen „Kondensationskerns", der seine Hauptrichtung in Richtung zum strömenden Feld ausrichten wird, entsteht ein Impulsleiter. Der längliche Kondeneisationskern kann sich auch aus einem Siliziumelement oder einem kugelförmigen z.B. Kohlenstoffelement, radförmigen, und einer stattgefunden hinzugefügten, Ansammlung in der Strömung ergeben haben. Diese Hinzufügung kann durch einfaches Einfügen oder Anfrieren entstehen und eine folgende Drehbewegung nimmt weitere Eiselemente auf. Wirbelströmungen dieser Einzelelemente eröffnen jeweils Durchtrittsmöglichkeiten und Verbindungsmöglichkeiten vom Drehpunkt zum Aussenbereich. Dieser Kondensationskern kann sich z. B. zwischen „Dipolen“ in Form einer Zylinderform ausrichten. Es eignet sich eine in erster Näherung röhrenähnliche Struktur z.B. aus Wasserstoff. Aus der Sicht des Autors sollten verschiedene „Wasserstoffröhren“ Durchmesser, Längen und Breiten existieren. Durch die unterschiedlichen Längen, sollte der „Verknotungsfaktor“ etwas geringer als bei gleichlangen Elementen angenommen werden. Unter dem „Verknotungsfaktor“ ist hier das Verschlingen der einzelnen Wasserstoffelemente zu verstehen. Wobei die Röhre im weitesten Sinne verstanden werden muss. Diese kann sich durch eine Anordnung von flachen Elementen/Schalen bilden, innen durchströmt werden. Diese Anordnung kann über die Länge geöffnet sein oder am Ende mit einzelnen Durchlässen geöffnet sein und am Auslass bildet sich die sternförmige Austrittsanordnung. Zur Austrittsanordnung oder dem Abschluss finden sich in älteren Darstellungen kugelförmige Abschlusskörper die als „Protonen“ Darstellung gesehen werden können. Dieses Proton verfügt, in Darstellungen über eine Oberflächenstruktur, eine Ausgestaltung ähnlich der in Abbildung 2 dargestellten. Durch die Öffnung über die Langseite entsteht je nach Faltung ein Rand der von der Geraden abweicht. Diese Abrundungen und Verdrehungen führen zu eigenen Beugungsmustern beim Lichtdurchtritt. Bei einer Durchströmung entlang der Hauptachse, wird der Austritt kantiger wenn die Röhre im inneren „verstellt“ ist oder der Rand Öffnungen aufweist. Diese Öffnung erzeugen in der Querströmung sternförmige Anlagerungen. Die Flexibilität dieser Röhren bildet die Grundlage von Materieverknüpfungen, Anströmungen und Windungen. Jede Anregung in Form einer Störung bzw. eines Impulses führt zu einer Verschiebung des Materials. Eine innere Verstellung, z.B. Natrium und Chlorid, eignet sich als eine Art „Klemmkeil" oder Pyramide für eine strahlenförmige Materialverbindungen. Die verschiedenen Schmelzpunkte der beiden Elemente weisen auf ein herrschenden Unterdruck im inneren des Kristalls hin. Am Rande bemerkt, ist eine Entstehung von Natrium aus einer strömungsbedingten Faltung auf Schwefelbasis oder Silizium vorstellbar. Eine stattgefunden Schichtung bildet eine (isolierende) Grenzfläche. Zum beobachteten verbesserten Leitungseffekt passt eine bisher nicht messbare netzwerkförmige metallische Schicht. Das Verdrehen zweier aus dem Verbund in Durchgangsrichtung liegenden Basisstrukturen führt zur Pyramidengitterstruktur inklusive der Leitungskanäle und den entsprechenden freien Elektronen. Der Kristall bewegt sich oft in zyklischen Wiederholungen und bildet damit auch Hohlräume aus. Die Anlagerung an das Material des „Kondensationskernes" verändert sich entsprechend des sich ausbreitenden Impulses und seiner Reflektionen am Ende bzw. Übergang zu einem anderen Medium/Dichte. Das „Ende" kann auch an einer Materieänderung erreicht werden. Es entsteht das Erscheinungsbild einer sich ausbreitenden Welle. Läuft ein solcher Impuls von einem Ende zum anderen auf/in dem „Kondensationskern" erzeugt dies am Ende eine Weiterleitung und Reflektion durch eine Längenänderung ds gegenüber der ursprünglichen x,y Ausbreitung. Maßgeblich ist dabei die Materialstruktur bzw. Form des Impulsleiters. Wasser hat durch die Verbindung aus Sauerstoff und den angehefteten Wasserstoffelementen eine Form die, die weitere Ausbreitung am Ende des Materials in den charakteristischen bekannten Winkeln des gefrorenen Schnees erzeugt (vgl. Abbildung 21). Andere, in der Nähe befindliche Dipole, können dadurch erreichbar werden und verbinden sich im maximalen Abstand zum Ende oder im

Rücklauf, zum gegenüberliegenden Röhrenende, in Strömungsrichtung, der Krümmung folgend. Trifft ein Impuls oder Materieelement zufällig von einer anderen Richtung ein, entsteht in der Fortführung eine Materialverschiebung die möglicherweise andere Elemente bindet. Der Winkel wird für eine höhere Anhaftungswahrscheinlichkeit bei einer direkten Reflektion an einer geeigneten Oberfläche kleiner gleich 90 Grad zur ursprünglichen Durchströmungsrichtung betragen. Gefrorene Wassermoleküle in einem gewissen Abstand, können auch Winkel bis 180 Grad annehmen. Maßgeblich ist die Materialstruktur des anhaftenden Elementes oder eine Kreisströmung für die Winkeleigenschaft.

Auch ist es sehr wahrscheinlich, dass mehrere dieser Wasserstoffröhren mit den kapitelartigen Auswüchsen sich am freien Ende durch ein Einstecken, Aufstecken oder Kreisen verbinden. Im Detail betrachtet sind diese Röhren vermutlich aus einzelnen bandähnlichen Strukturen aufgebaut. Daraus lassen sich Dreiecksformen oder Sechsecksformen usw. konstruieren. Eine Spitze eines kreisenden Elementes fängt im Allgemeinen eine Bandstruktur durch Einwickeln leicht ein. Diese Vorstellung genügt für die der Wasserstoffbrückenbindung. Das dieser Bindungszustand nur für einen sehr kurzen Moment anhält, kann nur einer Pendelbewegung, vorstellbar als ein auf und ab der Rotationsspitze, geschuldet sein. Bekannte Zeiten für das Bestehen dieser Wasserstoffbindungen deuten auf eine Dispersion, die von einem „Neutrinoregen“ (vgl. 70*10^9 pro Sekunde und mm*mm) stammen, hin. Wobei es hier als Teilchenstrom gesehen wird. Eine Wellencharakteristik entsteht durch den möglicherweise periodisch überlagerten zyklischen Ausstoß in der Quelle. In der Verbindung mit festen Oberflächen erzeugt, neben einer reinen Impulsweitergabe, der den Protonen immanente Drehimpuls, Krümmungen in den Ausbreitungspfaden von betroffener Materie (der Gradient des Richtungsvektors ist ungleich Null). Auch sind Sprünge, entstanden durch abgetrennte Materie möglich. Bekannt sind „Eisblumen“ auf Scheiben mit ihren bogenförmigen in alle Richtungen sich ausbreitende Windungen. Hier zeigt sich wieder der Unterschied zur bisherigen Betrachtung. Gemäss der Mittelpunktmassenanziehung würde sich die Eisblume geradlinig zum Mittelpunkt der größten Massenanziehung ausbreiten. Nur die Reflektion auf der naheliegenden Masse, z.B. der Erdoberfläche, und des vorhandenen Strömungsfeldes z.B. beim Durchgang durch eine Bogenbegrenzung, können sich gewundene Ausbreitungen in alle Richtungen ergeben. Neben dem Effekt der weiteren Anlagerung durch die Impuls bzw. Strömungsfeld-Ausbreitungsrichtung, atmosphärisch rotations-bedingten Drehungen, wird bei kälteren Temperaturen der Krümmungseffekt am Kondensationskern wirksam. An der Grenzfläche zum Kondensationskern besteht ein Gleichgewicht zwischen den verschiedenen Aggregatzuständen und es ist eine geradlinige Ausbreitung zu erwarten. Die Oberfläche von Anlagerungen muß sich aufgrund der vorherrschten Strömung und Temperaturunterschieden krümmen. Vorstellbar sind verschiedene Phasen eines sich einstellenden Gleichgewichtes zwischen Kräften die wie Federspannungen wirken. Man vergleiche dazu das Molekulare Verhalten zwischen Wasser bzw. Wasserstoff und Stickstoff (N2). Die herrschende Strömung wird durch Objekte bzw. Materie in der Nähe verändert. Aus diesen Bedingungen entstehen Formen. Gleichzeitig zerfallen Gitterstrukturen, wobei Wärme aufgrund des Bremseffektes rotierender Elemente entsteht (vgl. dazu die Auftauwirkung von Salz).

Einer der wichtigsten Orte für Materiezusammenfügungen sind beruhigte Zonen die sich aus Schnittmengen von Weltraumobjekten ergeben. Ein Halbmond/ Mondsichel, Ringausschnitte etc. als Schnittmenge zweier Planetenoberflächen oder Konjunktionen bilden reflektiert abgerundete dreiecksähnliche Elemente aber auch das einfache Anheften in der beruhigten Zone zwischen zwei strahlenförmigen Ausbreitungen. Der gekrümmte Bogen wird sich aufgrund der wirkenden Kräfte zum Zentrum des Kernes ausrichten.

Die Euler Funktion und der gespiegelten Abbildung (e hoch (-)x oder auch Dichtefunktion der Expotentialverteilung genannt) entspricht dem „Kanal“ zwischen zwei realen Planetenformausschnitten, wie z.B. gegeneinander verstellte sich durchdringende Kreisscheiben/Kugel, oder im nicht mehr sichtbaren Bereich zwischen „kugelähnlicher Materie“ wie z.B. den Lichtträgern. Materie kann entsprechend sich in dieser Formen und Zwischenräume ansammeln, ausbilden oder aussprühen. Im Grossen vergleiche man dazu die Stellung der Milchstrasse zur Erdoberfläche. Die Normalverteilung (nach Gauss, bildet diesen Materieraum wieder ab, gewöhnlich unter Anwesenheit von Wasser, vgl. auch die Erläuterung zur Sinusfunktion). Der Raum kann durch mehrere „Objekte“ begrenzt werden. Es entstehen Vertiefungen und Erhöhungen in der dreidimensionalen Normalverteilung. Strömungen in diesem Bereich führen, wie bereits erläutert, zu Reflektionen die die Charakteristik entsprechend ändern.

Im Gegenteil bilden die Bereiche ohne eine Schnittmenge vor einem Quell-aktiven Raumobjekt einen Bereich verstärkter Aktivität im Strömungsfeld.

Auch ist die bewegte Materie, welche aus im Strömungsfeld befindlichen Wasserelementen resultiert entsprechend gekrümmt. Durch die ständige Strömung entstehen zudem Formen die als „Erosionsform" angesehen werden könnte, wobei ein Auffüllen mehr zur Entstehung passt. Als Gegenbegriff bietet sich die Kompensation an. Ein Volumenkörper kann mehr. Impulse kompensieren als eine Scheibenstruktur. Im Strömungsfeldeinfluss entsteht entsprechend der Quellenkonstellation ein Energieminimum der beweglichen Elemente. Die Rotation (vgl. Rotation eines Vektorfeldes: rot Vektor F) ist die mathematische Beschreibung einer Anströmungsdifferenz aus verschiedenen Richtungen.

Es entsteht in zwei Dimensionen (x,y) ein „Kreisring“ und in der Dritten Dimension ein „Wirbelsturm“ solange eine Anströmungsdifferenz besteht. Die Annäherung an die Kugel als Volumenkörper kann erst durch die Reflektion entstehen.

Wasser ist als Verbindungsform zwischen Kohlenstoff/Silizium-fulleren und Wasserstoff/Sauerstoffverbindung denkbar. Eine fünfeckige gerichtete Volumenform vgl. ein Pentagonhexakontaeder erzeugt in einer Strömung entsprechende Vertiefungen auf einer Röhrenstruktur.

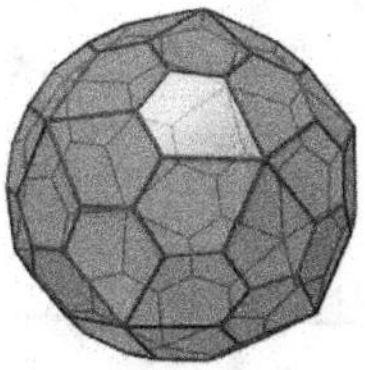

Abbildung 3': Pentagonhexakontaeder (Quelle Wikipedia).

Entgegengesetzte Strömungen bilden Scherspannung aus. Es entsteht eine Kraft die an den Kanten am effektivsten zur Erosion wirksam ist. Ein Mass der Scherspannung ergibt sich aus der Viskosität des Weltraum, die jedoch auch dem Teilchenstrom und damit der Massedichte folgt. Unter der Annahme, dass der Weltraum mit sehr vielen, sehr kleinen

Teilchen gefüllt ist, ergibt sich eine hohe Massedichte, im Gegensatz zur Vakuumvorstellung. Entscheidend dabei ist die fast unendlich kleine Teilchengröße und die geringe Verknüpfung. Bei einer sehr ähnlichen Teilchengröße würde der Begriff „homogenes Plasma" eine treffende Begrifflichkeit bieten. Diese Sichtweise eröffnet eine einfache Betrachtung der Massen-Geschwindigkeitsabhängigkeit. Betrachtet man dies aus der Perspektive einer praktischen Berechnungsmöglichkeit, ergibt sich aufgrund der angenommen losen Teilchenfügung und -grösse eine notwendige Vernachlässigung und es ergibt sich wieder ein fast leerer Raum.

Ein sich bewegendes Teilchen wird durch die Kollision mit anderen Teilchen verformt. Diese können elastisch oder einseitig unelastisch vor sich gehen. Gleichzeitig besitzen manche Teilchen einen Drehimpuls der weitergeben wird und während der Weitergabe eine entsprechende Scherspannung bewirkt. Die Vakuum Fluktuation, die zufällige Änderung einer bekannten konstanten oder schwingenden bzw. kreiselnden Systemgröße, läßt sich mit dem Auftreffen eines Teilchens erklären. Der Zusammenhang im Großen ist in der Mikrobetrachtung einfacher beobachtbar. Schwingende Materieelemente können sich wiederholende Bewegungen und Drehungen, in verschiedenen Richtungen, aufgrund einer wechselnden Richtungsanregung durchführen.

Einen Zusammenhang zwischen Masse und dem Quadrat der Geschwindigkeit, mit einem Bezug zur Energie, wird vom Author nicht immer unterstellt, da zumindest der Drehimpuls in einer gerichteten Bewegung zwischen verschiedenen Teilchen abweichen kann. Es kann vorher zu Kollisionen gekommen sein und bei der Betrachtung an einer definierten Durchtrittsfläche (zwei Richtungen, zwei mögliche räumlich Ausbreitungsgeschwindigkeiten bzw. Geschwindigkeit zum Quadrat,- je nach angenommener Ausbreitungsfunktion) oder Reflektionsfläche, können parallele Teilchen verschiedenen Drehimpulse aufweisen, die jeweils zu einer entsprechenden Verformung der Materie führen. Eine Reflektion von dreieckigen Strukturen an diesen gekrümmten „Spiegelelementen“ bildet den gut erkennbaren sechseckigen Kristall, wenn die zu bildende Struktur im Verhältnis klein gegen die Reflektionsstruktur ist und damit als Gerade wirkt. Sechseckige Strukturen sind auch Füllstrukturen von aneinander gefügten Kreisen.

Gleichzeitig dient eine solche nach innen gekrümmte Reflektionsebene auch als Grundstruktur zur Kugelbildung. Teile dieser können auch durch eine schräg einfallende Strömung in eine Röhre oder einen Ring entstehen. Eine in einer Schicht kreisförmig oder spiralförmige rotierende Masseströmung eignet sich als eine Reflektionsfläche zur Erzeugung einer kugelförmigen Struktur. Aus sich schneidenden Austrittslinien, die ihre Quelle verlassen (siehe Abbildung 7) entstehen u.a. kantigere spitzwinklige Strukturen. Das Gleiche gilt umgekehrt- durchdringbare Kreisstrukturen bilden eine Basis zur Kristallentstehung im Inneren. Der Austritt ist verhindert und die Reflektionen bilden kantige Strukturen falls die Vorgänge sich zyklisch wiederholen. Parallele Leitungsbahnen bieten die Möglichkeit zur Ausbildung von stabähnlichen Reflektionsstrukturen. Befindet sich eine Verschiebung oder ein Impuls in der Ausbreitung von einem Ende der Leitungsstruktur zum anderen Ende, kann diese Verschiebung aufgrund einer gegenläufigen Ausbreitung reflektiert werden. Je nach Taktung der entstehenden Kollisionen kommt es an den jeweiligen Auftreffpunkten zu seitlichen orthogonalen maximalen Austritten, falls in der Leitungsstruktur Austrittsmöglichkeiten vorhanden sind. Die Ausbreitungslinie bleibt konzentriert wenn eine zusätzliche Verdrehung unterlegt ist. Dies führt zu weiteren parallelen Ausbreitungsbahnen, die die Fläche zwischen den ursprünglichen Parallelen füllen. Es entsteht damit alternativ zur Ablagerung eine ebene Kristallfläche. Diese können in verschiedenen Lagen im Raum entstehen. etc.

Sind diese einzelnen entstanden Reflektorenflächen im Raum gleichverteilt eignen diese sich zur Erzeugung einer regelmäßigen Matrixstruktur. Regelmäßige Quadrat- und Zylinderstrukturen können sich zwischen mehreren ineinander geschachtelten Kugeln ergeben. Der Strahlungsdurchtritt ergibt sich im inneren der Kugelschale und um die sich darin befindliche weitere Kugel. Das Gleiche gilt für z.B. fünfeckige gerichtete Strukturen und die elliptische Sphäre.

Analog zu den oben erwähnten Röhren lagert sich auch um rotierende kugelförmige Verdichtungen Materie an. Dabei können zwei gegenläufige "Rotationskugeln" umschlossen werden. Eine längliche Verzerrung dieser Struktur, möglicherweise in zwei orthogonalen Richtungen, ergibt eine häufig vorkommende Materialstruktur.

Aufbrechende Strukturen vor einer Verschiebungs- oder Fusionsquelle bilden aufgrund der Austrittsgeometrie andere Formationen (siehe Abbildung 10).

Wir registrieren durch die verteilten Quellen im Weltraum mehr als eine Richtung des Strömungsfeldes. Mehrere Hauptströmungsrichtungen werden auf oder neben der Erde beobachtet. Fünf lassen sich gut, z.B. aus Schneekristallen, erkennen. Auch in traditionellen Symbolen wie z.B. das zum Lateinischen Kreuz schräg erweiterte Kreuzsymbol des Byzantinischen bzw. Russischen Kreuzes, könnte dies in einer weiteren Auslegung den Strömungsrichtungen, zur bekannten Höllen- und Himmelssymbolik zugeordnet werden. Im Prinzip bilden die verschobenen Linien die Kanten eines schräggestellten Quaders. Selbst aktive schwarze Löcher lassen sich den Austrittsstellen am Kreuz zuordnen. Ketten oder wellenförmige Ausbreitungen werden durch kreuzende „Hohlströmungen“ unterbrochen. Die Planetenbahnen in unserem Sonnensystem entsprechen Ellipsen. Aus diesen beschriebenen Hauptrichtungen lassen sich die Ellipsen erzeugen. Gekippt vorstellbar als ein abgerundetes Parallelogramm. Zwei parallele Strömungen erzeugen die längere Achse, die Schräg und Querströmung die Verbindung zu den parallelen Strömungen als seitlicher Abschluss. Jedes umströmte größere Objekt erzeugt um seinen Rand eine parallele Strömung, Eine Abschattungen an zwei Seiten zerlegt die zylinderförmige Randströmung. Neben dem Einfluss einer anderen Strahlenquelle, entstehen diese Ellipsenbahnen auch durch einen nicht runden Zentralkörper. Die Sonne ist sehr wahrscheinlich abgeflacht bzw. nicht rund. Aus biologischen Strukturen lassen sich deutlich noch 14 Anströmungsrichtungen erkennen.

Zellanordnungen von Pflanzen und Lebewesen weisen im Detail ähnliche Anordnungen auf. Ein Zelle mit der äußeren Zellwand als Ring und Membranöffnung bzw. Zellpumpen als kleine Zwischenwirbel oder Vorhang ähnlich mit einer „Noppenstruktur". Die Längsstruktur ist aufgrund der o.b. Strömungsrichtungen vielfältig verbreitet.

So genannte Gravitationswellen sind, entsprechend der oben erklärten Theorie, Dichte Änderungen im Raum (hoffentlich nicht auf der Erdinstallation), die durch die Kettenreaktion der primären Verschiebung und des Impulses verursacht werden. Die Veränderung ergibt sich aus „weiten" Kollisionen die ein sich ausbreitender Impuls verursacht (vgl. auch [7] Gravitationswellen). Für die Zuordnung zu „weiten" Kollisionen und „engen" Kollisionen wird entsprechend für die weiten Kollisionen eine Überbrückung eines Raumes außerhalb der wirkenden Kernbindungskräfte und für die zweite Form ein direkter Kontakt der Kollisionspartner angenommen. Als Kernbindungskräfte werden die Kräfte verstanden die zur Trennung des direkten Verbundes aus Kernbausteinen, Protonen, Neutronen und anderen direkt verbundenen bzw. kreisenden Elementarteilchen notwendig ist. Die spezifischen Materieverbindungen sind durch ihren Erzeugungsort möglicherweise im Detail wesentlich stärker verbunden als einzelne Materieschichten. Ein Entstehungsort mit einer um Potenzen höheren Temperatur erzeugt festere Strukturen die nicht vergleichbar sind mit einfachen Schichtungen. Wasser entflieht und zurückbleibende Strukturen verlieren die Flexibilität. Materiefestigkeiten werden dadurch um Größenordnungen höher aber gewöhnlich auch mit Hohlräumen durchsetzt. Man vergleiche dazu z.B. Faktoren im Coulomb Gesetz und Festigkeitswerte von Baumharz im Vergleich zwischen dem flüssigen Zustand und dem getrockneten Zustand als Bernstein. Im Gegensatz zur Temperaturerhöhung, die eine Zunahme der Materiebewegung zur Folge hat, ist der umgekehrte Zustand eine Zunahme der

Dichte durch eine Abnahme der Materiebewegung. Ein gedämpfter Impuls führt zu einer Beruhigung dieser. Eine Dämpfung, also ein elastischer Stoss, läßt sich durch ein Federsystem erzeugen. Übereinander geordnete Materiestapel begünstigen diesen Effekt und dämpfen ankommende Impulse maximal. Es entsteht im Vergleich zum ungedämpften Betrachtungsraum eine Temperaturabnahme.

Abbildung 3'': Vereinfacht dargestellte Wasserelemente im Übergang zum Dichtemaximum

Eine Vorwärtsbewegung (longitudinal) einer länglichen Struktur (Wasserstoff) oder in zwei Richtungen gebogene Struktur (Stickstoff), die eine Drehung, vorstellbar als Wippbewegung, erhält, kann in einer zweidimensionalen Projektion als Sinus-Kosinus-Form erkannt werden. Mit anderen Worten ist die zuvor beschriebene bekannte periodische Schwingung einer Ausbreitung einer Kreisbewegung- jeweils einem Oberflächenpunkt folgend. Ein sich fortbewegende Spirale eigene sich zur Vorstellung. Die von einer Welle bekannte Vor- und Zurückbewegung wird von einem Impuls in der Reflektion auch erzeugt. Damit ist der Effekt abhängig von der Länge der wirkenden Materieansammlung. In einer komplexeren Betrachtung, möglicherweise auch von einem eingefügten Gelenkpunkt. Der wirkliche Unterschied ergibt sich aufgrund der bewegten Materieform und der damit verbundenen Hebelwirkung. Die Kugelform ergibt aufgrund ihrer Symmetrie ein „Hebelminimum". Blasen steigen in einer Flüssigkeit schneller auf, wenn diese von der Kugelform abweichen. Die länglichen Materieelemente (Stäbchen in der Aufsicht, Röhrchen, Kreisringe, Winkelelement) eignen sich in der Projektion einer stationären geordneten verteilten Rotation auch zur Darstellung einer sechseckigen Struktur (vgl. Kohlenstoff). Genau diese verdrehten Strukturen erzeugen eine Torsionsspannung, diese wiederum eine Zugfestigkeit, die verantwortlich für das elastische Verhalten der Blasen ist.

Die sich ausbreitende Wellenbewegung, die durch eine äußere, d.h. nicht im betrachteten Materialelement, Verdichtungskraft/-Impulse eingeleitet wird, wird sich, je nach dem gewählten Ausbreitungskanal, z.B. im Material, verbreiten (auch Induktion genannt). Andere Verschiebungen verbreiten sich besser um Material herum. Es ist anzunehmen, dass sich die definierten Gravitationswellen einer niederfrequenten Welle ähneln, sich durch weite Kollisionen ausbreiten, auch reflektiert werden und gegebenenfalls Strukturen bei geeigneter geometrischer Konstellation, zu höherfrequenten bzw. hörbaren Schwingungen anregen können.

Monde können in ihrer Umlaufbahn beeinflusst werden. Die Änderung der Ekliptik wird als direkte Wirkung der Reflektionen z.B. aus der Oberflächenstruktur des zentralen Planeten betrachtet. Reflektionen in der vom menschlichen Sinne wahrgenommen Form der Lichtreflektionen scheinen ihre Höchstgeschwindigkeit im Vakuum zu erreichen, aber kleinere komplexe Verschiebungen könnten theoretisch zu schnelleren Ausbreitungen führen. Dabei ist als Grund z.B. eine Anfangsbeschleunigung, eine kollisionsfreie Ausbreitung und eine sprunghafte Ausbreitung bzw. Verschiebung denkbar. Unter Berücksichtigung dieser Betrachtung können zwei Räume, je nach Material/Struktur dazwischen, andere Verbindungen im Sinne der Ausbreitungsgeschwindigkeit erlangen. Das Vakuum kann damit unter der Zugrundelegung der definierten Permeabilität -und Elektrizitätskonstanten für das Vakuum als minimal gefüllt angehen werden. Vorstellbar ist dies als ein Rollen und durch Lücken fliessen. Eine Beschleunigung durch andere im gleichen Masse bewegte Teilchen führt zu keiner höheren Geschwindigkeit durch den minimal gefüllten Raum. Die Theorie über so genannte Wurmlöcher läßt sich somit auch in diese Theorie einordnen. Die Ausbreitungsgeschwindigkeit wird durch den Pfad und den Transferraum und der sich darin befindlichen Materie beeinflusst (z.B. Röhren, Ringe einer anderen Dichte). Letztendlich ändert sich die Form der sich im Ausbreitungsraum befindlichen Körper entsprechend dem wirkenden Strömungsfeld. Ein

Mond der seinem Gravitationspartner immer die gleiche Seite zeigt, sollte sich durch den „Zug“ in die Richtung des Gravitationspartners verlängern, wenn die wirkende Kraft nur von dem Gravitationspartner ausgeht. Ein Strömungsfeld „treibt“ diesen Körper je nach Festigkeit im gleichen Zustand weiter.

Der sich ausbreitende Impuls erzeugt in einem dynamisch angenommen Raum Quanteneffekte (vergleiche dazu zwei überlagernde Zustände eines Atoms, vgl. auch [5] oder auch einfach elastische Raumelemente). Der Raum wirkt auf das sich ausbreitende Materieelement zurück. Es entstehen Schwingungen. Der (wasserstoffhaltige) Raum wird durch eine in Ausbreitungsrichtung als Gauß-Verteilung vorstellbare Ausbreitung beeinflusst, (in einer ersten Annäherung- besser "ein schiefer Kegel mit aufgesetzter Kugel bzw. Schraube“, (vergleiche Abbildung 10)". Je nach dem sich ausbreitendem Materieelement, wird viel an einer Betrachtungsebene reflektiert und aufgrund kleinerer Lücken oder Hohlräume wird in der Betrachtungsebene wird weniger oder gar keine Materie enthalten sein. Hat sich eine Verknüpfung gebildet, ist es möglich, dass diese sich durch einen Impuls umstülpt. Dadurch kommen evtl. zuvor im inneren gebildete kugelförmige Volumenkörper nach Aussen. Vorstellbar als ein Fingerhut mit seiner vertieften und erhöhten Aussenstruktur als unvollständige Volumenkörper. Dementsprechend ist die Häufgkeitsverteilung Null bzw. die Ausbreitung Gaußverteilung unendlich. Geringere Verschiebungen können mittig/ längs der Ausbreitungslinie oder parallel zur Mitte der Hauptausbreitungsrichtung gemessen werden, die Beeinflussung kann als Verschränkung bezeichnet werden. Die Verschränkung sollte in Relation zur Materialverteilung oder Verknüpfung stehen. Die Ausbreitungstrajektorie oder der „Weg" einer Materie hängt, neben der Materie Deformation, der möglichen Verbindung dazwischen bzw. dem Ausbreitungsmedium, von der Umgebung ab, von querenden Strömen und erweitert sich möglicherweise. Diese querenden Ströme oder Teilcheneinflüsse integrieren die Chaostheorie in die Strömungsfeldtheorie. Ein Vorgang wiederholt sich kaum identisch da seine Umgebung variiert. Mit anderen Worten, der 3D-Pfad variiert, je nach der Ausrichtung der Materieelemente oder auch der abgegrenzten Räume, und dies nimmt mehr oder weniger Zeit in der gewählten Zeit-Einteilung in Anspruch. Die zeitlich veränderliche bzw. Umgebungsdichte abhängige Materie Deformation oder die Verzerrung durch einen geänderten Brechungsindex führt leicht zu Fehleinschätzungen zur wahren Grösse eines zu vermessenden Objektes.

Gewöhnlich ist die betrachtete Materie nicht kugelsymmetrisch.

Im existierenden Verständnis ist es hilfreich, den Begriff für das standort- und dichteabhängige variierende Erscheinungsbild eines zeitlich versetzten Vorganges zu verfestigen. Ein identischer Vorgang, aus theoretisch zwei Standorten betrachtet, wird durch die Laufzeit des Lichtes, je nach Entfernung, versetzt wahrgenommen. Ein Beobachter kann zwei räumlich entfernte Lichtquellen betrachten. Abhängig vom Zeitpunkt des Einschaltens, der Raumdichte und der entsprechenden Entfernung zum Beobachter entsteht eine individuelle Wahrnehmung des Vorganges. Ein späteres Einschalten kann z.B. aufgrund der kürzeren zurückgelegten Strecke durchaus als früheres Einschalten, im Vergleich mit einer zweiten Lichtquelle, individuell wahrgenommen werden. Analog führt eine unterschiedliche relative Bewegungsgeschwindigkeit des Beobachters zum umgekehrten Eindruck, da die physikalischen Größen Weg, Zeit und Geschwindigkeit verknüpft sind. Wenn der Beobachter sich schneller bewegt scheint die Ausbreitung des Lichtsignales langsamer vor sich zu gehen (Zeitdilatation). Es handelt sich aber in beiden Fällen um einen optischen Eindruck und nicht um einen schnelleren Ablauf eines Prozesses! Zur vollständigen Betrachtungsweise, dass der Ort an dem der Beobachter sich befindet, jeweils ein anderes Zeitbild aufgrund der verschiedenen Entfernungen die das Licht bis zu diesem Ort zurücklegen muß, liefert, ist die Kenntnis der Dichteverteilung auf den jeweiligen Ausbreitungspfaden umfassender. Das quantisierte Strömungsfeld beantwortet Einsteins Frage nach der Quelle der nicht lokalen Eigenschaften. Die starken und schwachen Kräfte zwischen Materie können mit dem selben Strömungsfeld Effekt erklärt werden. Im ersten Fall, werden einzelne Materie Elemente davon beeinflusst, im zweiten Fall rotierende freigesetzte Materie/ Ketten/Röhren/Hebel/ Pendel, die möglicherweise wiederum eine Kettenreaktion in unmittelbarer Nähe durch kollabierende bzw. stossende Massen auslösen können. Denkbar ist, dass das Strömungsfeld bzw. einzelne transportierten oder bewegte Materieelemente als weisses Rauschen von uns hörbar ist.

Bell's Ansicht [6] der "fernen" Verschränkung oder nicht lokale Merkmale können mit dem gemeinsamen Strömungsfeld auch im entfernteren Raum erklärt werden. Entfernt ist dabei ein Einfluss, der von der Quelle weiter als der Wirkungsort entfernt ist, der in Lichtgeschwindigkeit erreichbar wäre ohne einen lokalen Effekt durch eine direkte Verbindung zwischen ihnen, z.B. mittels einer Gitterstruktur verbunden zu sein.

Eine Menge von verschränkten Partikeln ist in der Fernwirkung, d.h. ein Ereignis geschieht entfernt über eine nahezu identische Strömung verbunden. Eine Menge von dicht aneinander gebrachte Partikel kann als verschränkt angesehen werden aber auch bereits durch einen vorausgegangen Verbindungsmechanismus entstandene Materieketten. Neben der direkten Verbindung genügt bereits durch das Einfügen einer weiteren Barriere eine lokal erhöht auftretende Dichte durch entsprechende Reflektionen, eine dadurch entstehende Druckerhöhung vor dem erneuten Durchgangsbereich und ein dadurch erhöhter Materiedurchgang. Vorstellbar ist dies durch strukturierte Anordnungen von Teilchen, die über eine „Gleitfläche„ und einen offenen aber umschlossenen Bereich verfügen. Man vergleiche dazu das TikTok Logo. Auf der Gleitfläche kann ein anderes Teilchen in einer Art Bahn transportiert werden. Der Umschlossene Bereich bildet einen geschützten Kanal oder Tunnel. Andere Teilchen können sich somit, auch wiederholt, über weitere Bereiche in entsprechend vorgegebenen Linien unter einem anderen Energieaufwand, bzw. erleichtert oder erschwert ausbreiten. Bekannte Experimente mit verschiedenen optischen Filtern und einer nicht linearen Lichtdurchlässigkeit lassen sich so klassisch ohne eine „Verschränkung" erklären.

Einsteins Raumkrümmung kann in direkte Beziehung zur Verteilung der Strömungsdichte gebracht werden, die Änderung der Abstände zwischen Materie, Kollisionen in der dichteren Sequenz und die Stärke des strömenden Feldes in Ausbreitungsrichtung nimmt zu oder wird reduziert. In diesem Zusammenhang bedenke man die Ablenkung bzw. Streuung durch rotierende Protonen. Die dichtere Sequenz kann im dreidimensionalen Weltraum, z.B. als kompakte Materie in Form von geschlossenen Ringen, sich kreuzenden Bögen, Stäben / Saiten oder näherungsweise als Kugeln, angenommen werden. Eine Näherung für längliche Elemente läßt sich, als nahezu ausbreitungslos in der x,y Ausdehnung eines Koordinatensystems und verhältnismäßig lang in der Längenausbreitung in z Richtung, in Form einer „Linie“oder gewickeltem „Ring“, als String beschreiben. Die Länge wird als wesentlich größer angenommen als die Breite. Im Beispiel repräsentiert der Ring die dichtere oder komprimierte Materie. Wenn die Ringe nahe beieinander liegen und verbunden sind, springt die Verschiebung oder der Impuls von Ring zu Ring. Mit der richtigen Impulsstärke ist dieser Sprung schneller als das Bewegen aller einzelnen Materialelemente zwischen den dichter verbundenen Materialien, ohne den eingefügten Ring. An anderer Literaturstelle werden die verteilten Verdichtungen gelegentlich in Verbindung mit dem multidimensionalen Raum gebracht. Hier nennen wir es Dichteänderungen. Jede bereits vorhandene Materieformation erzeugt eine Strömungsänderung und damit Dichteänderung in der umgebenden Strömung. Für diese Überlegungen wird anfänglich eine Gleichverteilung der Materie angenommen. In dieser entstandene Verknüpfungen stellen eine Materieformation dar. Die bisherige Argumentation, dass Licht keine Masse besitzt aber durch die Krümmung des Raumes abgelenkt wird, impliziert, dass der Raum eine Masse besitzt. Ansonsten könnte dieser nicht gekrümmt werden. Eine Änderung der Dichte aufgrund einer Verschiebung erscheint hier die realistischere Sichtweise. Mit dieser Sichtweise entsteht das Problem der fehlenden Masse im Weltraum erst nicht.

Die Dichteänderung durch die Materialformation lässt sich aufgrund ihres Entstehungsprozess kategorisieren. Bekannt sind verschiedene Dichte-Stufen die sich z.B. mit Namen wie Gasplaneten, Planeten, weiße Zwerge, Neutronensterne und schwarze Löcher bezeichnet werden. Wobei in dieser Aufzählung die Neutronensterne als die dichteste Materieverteilung angesehen wird. Die durch einen heftigen Druck zusammen gepresste Materie weißt kaum Bewegungsfreiheiten einzelner Elemente wie Elektronen und Protonen mehr auf. Denkbar ist, nach dem Verdichtungsvorgang, die Entstehung einer kühlen, extrem Dichten Flüssigkeit ohne kleinere Wirbel. Eine extrem heisse Flüssigkeit könnte aufgrund der inneren Bewegungen keine hohe Dichte aufweisen. Auch muss die äussere Umgebung möglichst frei von anderen Strahlungsquellen sein, da ansonsten die Dichte wieder reduziert werden würde.

Wenn im Inneren einer Materieansammlung eine flüssige Füllung enthalten ist und diese möglicherweise zusätzlich mit einer abdeckenden Struktur versehen ist, gleichzeitig diese Materiestruktur eine Temperaturänderung, aufgrund von inneren Strömungen und deren Reflektionen, erfährt, kann es in periodischen Abständen zu Materieaustritten mit unterschiedlicher Dichte kommen. Durch die rotierenden Komponenten sind diese zusätzlichen Dichteänderungen bzw. Verdrehungen unterworfen. Ist die rotierende Materie inhomogen und durch einen Rand begrenzt, folgt ein Ausweichen entlang des Randes. Auch dies erzeugt einen periodisch bzw. zufällig entstehenden Auswurf. Diese Thematik wird später im Kapitel 3.4 Konglomerat und Extruder noch einmal aufgegriffen.

Die Zeit wird als eine künstliche gewählte, aber prinzipiell beliebige Einteilung gesehen. Die Impulsverteilung und die dafür benötigte Zeit, wird als abhängig vom Weg, der von den Elementen/Materie genommen wird, angesehen. Erkannte Zeitunterschiede durch Messung der Zeit in bewegten Systemen, werden mit den Unterschieden in den Bereichen Umgebung/Strömung, der Impulsübertragung und dem Austausch mit den Messgeräten erklärt. Es handelt sich nicht um einen veränderten Vorgang eines Zeitablaufes oder einer Veränderung eines leeren Raumes. Fehler in Distanzmessungen oder Größenmessungen können jedoch durch die dichteabhängige optische Änderung bzw.

Verlängerung eines Ausbreitungspfades entstehen.

Die Impulsübertragung kann in folgender skizzenartiger Weise dargestellt werden:

Definiert wird eine richtungsabhängige Verschiebung und deren Ausbreitung (Verschiebungsausbreitung) die durch eine dreiteilige kartesische Beschreibung wie folgt dargestellt werden kann:

$$Verschiebungsausbreitung = \begin{bmatrix} X \\ Y \\ Z_{)} \end{bmatrix}$$

Ausbreitungsrichtung

$$Z_{)} = \begin{cases} Zi = Z(n+1) - Z(n) & \text{wenn } Zi \geq 0,\ Z(n) + i, M(n) \\ -Zi & \text{wenn } Zi < 0,\ Z(n) + i, M(n), ds \end{cases}$$

Wobei i,n von 0-aus, gegen unendlich strebt

Ein durch eine Verschiebung ausgelöster Impuls, z.B. ein Dirac Impuls oder andere durch Beschreibungen (Funktionen) eingrenzbare Bezirke erhöhter (Energie/Bewegungs-) Dichte, verschiebt sich z.B. in Richtung der Z-Achse eines natürlichen Zahlenraums. Dabei wird Materie in Laufrichtung bewegt, verdichtet oder reflektiert (Z)). Die Dichte im Ausbreitungspfad wird, je nach Annahme, dabei während dem Passieren des Impulses durch eine Multiplikation mit dem Materiefaktor verändert oder bleibt gleich. Einfach vorstellbar ist eine rechteckförmige bzw. quaderförmige (3D), sich ausbreitende Ansammlung von Materie, als Impuls. Man vergleiche dazu die Projektion der vier Hauptspiralarme unserer Milchstrasse. Materie im Ausbreitungspfad wird von der Verdichtung bzw. höheren Energie, passiert und entsprechend dem Materialzonenelement M durchdrungen und reflektiert. Das Materialzonenelement stellt dabei der Bereich einer Materie dar, der sich im betrachteten Ausbreitungspfad des

Impulses befindet. Die Materialzone kann aufgrund ihrer Beschaffenheit, für verschiedene sich mit dem Impuls ausbreitende Materie durchlässig sein oder aber an dieser (teil) reflektiert werden. Als Beispiel ist ein Gitter im Ausbreitungspfad vorstellbar. Materieelemente mit einer gewissen Größe passen hindurch, andere treffen das Gitter und werden reflektiert. Die Brechung wird einem Abbringen vom geraden Pfad zugeordnet. Im Falle der Reflektion breitet sich der Impuls in einer oder mehreren entgegengesetzten Richtungen aus. Bei der Absorption verändert sich die innere Materialstruktur der beteiligten Materie. Der Vorgang ist jedoch vergleichbar mit der Reflektion die sich nun im inneren der Materialstruktur ergibt. Die Torsion ist, aufgrund der Verschiebung aller bewegten Elemente, auch eine Reflektion des vom geraden Ausbreitungsweges abgebrachten betrachteten Teilchens. Je nach Winkelstellung und Materialzonenelement der Reflektionsfläche und den entstehenden Überlagerungen. Die dabei entstehende Ausdehnung eines Teilchens, vor der Reflektion, über die ursprüngliche X,Y Größe hinaus wird mit ds dargestellt. Die veränderte Ausbreitung in X, Y Richtung wird nur im Falle einer Kollision mit einem anderen Teilchen bzw. widerstandsbehafteten Raum angenommen. Das negative Vorzeichen bei Zi deutet dabei auf die entstehende Reflektion. Der zur

Ausbreitungsrichtung aufgeführte Index i dient lediglich einer grafischen Darstellungsart.

Als Ersatzmodelle für eine Materieveränderung aufgrund des mit Materie belegten Raumes und dessen Durchdringung mit einem betrachteten Materieelement kommen auch Ellipseoide als Ersatz für eine kugelförmige Matrieansammlung in Betracht etc.

Eine einfache Beschreibung zur Übertragung für die Dichteverschiebung und Kollisionsverzögerungen an einem Punkt in der Zeit oder dem numerischen Index kann jeweils über eine Übertragungsfunktion beschrieben werden. Dabei werden zwei kollidierende Materieelemente vereinfacht in ihrer Materiestruktur beschrieben und in einer weiteren Verfeinerung läßt sich u.a. die Verformung in Beziehung zur Bewegungsänderungsgeschwindigkeit der kollidierenden Materieelemente berücksichtigen.

Eine Bewegung eines Teilchens in z-Richtung, wird in dieser Betrachtung bei einem durch eine x,y Dimension definierten Teilchen, im Falle der Kollision auf ein anderes Teilchen, eine zur Ausbreitungsrichtung orthogonale Verlängerung ds jeweils in x,y Richtung erhalten. Der Übergang des Impulses kann z.B. mit einer hyperbolischen Übertragungsfunktion, die den Raum zwischen kugelförmigen Materieelementen beschreibt, in der zeitlichen oder numerischen Schrittbetrachtung übergeben werden. Die Übertragungsfunktionen sind dabei ein Model der in Wirklichkeit möglicherweise komplizierten Oberflächenstruktur oder weiterführend auch die Berücksichtigung der inneren Struktur des Materieelementes. Ein gebildetes Materiegitter führt bei der Impulsweiterleitung zu den entscheidenden fehlenden Reflektionen. Eine homogene Struktur erzeugt im Durchgangsbereich wenig Reflektionen und eine ungeordnete entsprechend mehr. Vergleichbar ist damit eine leichte und eine schwere Materieansammlung. Für die Simulation kommen mehrere Lösungsmöglichkeiten in Betracht. In der Reflektion kann das Eingangssignal in entsprechenden Anteilen mit dem entsprechenden Vorzeichen im Rücklauf berücksichtigt werden. Alternativ läßt sich mit verschiedenen Durchgängswiderständen das Simulationsergebniss erzeugen. Denkbar ist auch ein Differenzindex der entsprechende Abweichungen im Durchgangswiderstand oder Wellenwiderstand registriert. Als Beispiel für den Einfluss der Struktur des Materieelementes läßt sich die Relativgeschwindigkeit zwischen Wasserstoff- und Sauerstoffgasteilchen aufführen.

Die Dichteverschiebung erzeugt neben den Dichteänderungen in dem direkten Ausbreitungspfad auch Veränderungen in der Umgebung. Dies erzeugt Reflektionen. Aufgrund der Reflektion wird die sich ausbreitende Dichteverschiebung verändert und die Ausbreitung wird reduziert. Die ankommende Verschiebung ist abhängig von der Akzeptanz in einem Verhältnis zwischen Absorption, Übertragung und Reflektion. Bei einer sich in Z Richtung ausbreitenden Impulsfront handelt sich um eine erzeugte Verschiebung, die sich abhängig von im Ausbreitungsweg befindlichen Materieelemente ausbreitet, stoppt bzw. reflektiert wird. Berücksichtigbar ist in einer Berechnung ein „bremsender" materialabhängiger negativen Teil zur Reduktion der Ausbreitung, ergänzt mit einem Index. Einsteins Zeitdelilatation verwendet einen solchen Faktor zur Zeitanpassung. Die darin verwendete Geschwindigkeit lässt sich auf den Weg transformieren, da dieser sich proportional dazu verhält. Ein Bremsweg kann im Falle des Lichtes, unter der Annahme einer konstanten Anfangsgeschwindigkeit und einer konstanten Winkelgeschwindigkeit, in Verbindung mit einem elastischen Verhalten gebracht werden. Ein elastisches Verhalten lässt sich aus der Materialstruktur herleiten und in Beziehung zu einer Federkonstanten setzen. Die quadratische Geschwindigkeit einer Fläche, läßt sich unter der variablen „Tiefe“ zu einer kubischen Geschwindigkeit erweitern (c^3).

Dieser Logik folgend, kann die Verschiebung nur dann eine Kraft entwickeln, wenn der Raum mit Teilchen gefüllt ist. Für eine erste einfache effektive Kraft- Einschätzung kann eine Ableitung mittels der in der Luftfahrt üblichen Auftriebsberechnung durchgeführt werden. Die Kraft die auf die Materie wirkt, würde einer Viskosität des gefüllten Raumes folgen, multipliziert mit der Geschwindigkeit der Materie im Quadrat und multipliziert mit dem effektiven/ beeinflussten Bereich. Dieser Flächenbereich befindet sich vornehmlich an der Oberfläche, kann aber auch in tieferen liegenden Strukturen beeinflusst sein. Die Viskosität wird in Formel ein als Dichte bezeichnet. Tatsächlich ist dieser

Faktor maßgeblich zur notwendigen Übertragung der Impulse und damit der Kräfte. In diesem Model entstehen die Kräfte durch eine Verschiebung, wobei zu dieser Verschiebung, im Falle der Annäherung an z.B. die Erde, eine von Aussen einwirkende Verschiebung herrscht und diese in der Teilchenbetrachtung auch wieder reflektiert werden können. Die reflektierten Teilchen werden nun die Materiestruktur treffen, abgelenkt oder durch diese hindurchdringen. Die Dichte ist in dieser Betrachtung in erster Linie ein Mittelwert aber kann je nach Berechnungsauflösung für jedes einzelne verwendete Teilchen der Materiestruktur zur Anwendung kommen.

Die Kraft F die auf die Materie wirkt wird beispielhaft definiert:

$$F = p \cdot v^2 \cdot A \left[\frac{\text{kg} \cdot m}{s^2} \right]$$

[Formel 1]

$p =$ Dichte,

$v =$ Geschwindigkeit der individuellen Materie,

$A =$ Die betroffene Oberfläche.

Die Oberfläche A kann sich erhöhen, wenn eine Eindringtiefe berücksichtigt wird. Die Verschiebung liefert den Impuls, der in Beziehung zur Kraft steht. Zu bedenken ist dabei, dass eine Materie, die z.B. auf der Erdoberfläche, durch die äußere Strömung nach unten gedrückt wird, aufgrund seiner Beschaffenheit oder Materiestruktur auch, entsprechend durch die Reflektion, in entgegengesetzter Richtung aufsteigen kann. Dieser Faktor eignet sich zur Berücksichtigung der Materieverknüpfung z.B. in Form einer Gitterstruktur.

Die Geschwindigkeit v(x,y,z) der individuellen Materie ergibt sich in unserem System immer aus verschiedenen Richtungsgeschwindigkeiten. Die in Impulsausbreitungsrichtung wirkende Geschwindigkeit mit einem Vorlauf und der potentiellen Reflektion und die durch die Systemverschiebung wirkende Geschwindigkeit. Beachtet werden beim Vorlauf oder der Reflektion die entsprechenden Ausbreitungswinkel. Trifft eine Verschiebung auf rotierende Materie, wird der Impuls entweder in einem gewissen Winkel weitergegeben oder die Präzision der rotierenden Masse beeinflusst (Federwirkung). Dadurch wird der Impuls nicht unbedingt wie erwartet in Ausbreitungsrichtung an benachbarte Materieelemente weiter gegeben. Die Systemverschiebung ist bis auf transiente Störungen und Pendelbewegungen eine konstante spiralförmige Bewegung. Ein Mittelwert dazu kann ermittelt werden. Für die Simulationsrechnung über längere Zeiträume muss von einer Rotationsgeschwindigkeitsänderung ausgegangen werden. Typische Darstellungen zur zeitlichen und räumlichen Veränderungen des Universums zeigen eine allmähliche Aufweitung, die auf eine Rotationsbeschleunigung schließen lassen.

Die rückwirkenden Kräfte (FG) würden, ohne eine „Massenanziehungkraft", im Falle der nicht sich direkt anschließenden Massen, mithilfe der unterstützenden „Schirmwirkung" der eigenen/einer umliegenden Masse oder gedämpften/gestreuten Reflektion bzw. Strömungsveränderung, die Abstände zwischen den Massen schließen (siehe Abbildung 4). Die Richtung der Kraft orientiert sich dabei an möglichen existenten Strukturen zur Führung der

Materieelemente und an den wirkenden Beschleunigungskräften im jeweiligen betrachteten Raum. Auf der Erde ergibt sich durch die Erdrotation die bekannte Spiralbewegung. Wirbelnde Materieelemente bilden je nach Betrachtungsrichtung einen Anfang für die Materieanhäufung bzw. Verdichtung. Gleichzeitig bewegen die Materieelemente sich im am entgegengesetzten Ende auseinander.

Vergleichsrechnungen mit der herkömmlichen Gravitationskraftberechnung zeigen sich anpassbar, je nach dem welcher Toleranzfaktor für die Gravitationskonstante eingesetzt wird. Die Unsicherheit der Gravitationskonstanten wird im Bereich von 1*10^-5 angegeben. Zusätzlich läßt sich der Oberflächenfaktor aufgrund der real vorliegenden Materiemikrostruktur anpassen. Diese Mikrostruktur kann sich wiederum dynamisch durch ihre Ausrichtung und Bewegung ändern. Man vergleiche dazu verschiedene Atmosphärenfüllungen bzw. Verteilungen und die Bewegungsgeschwindigkeit des Systems.

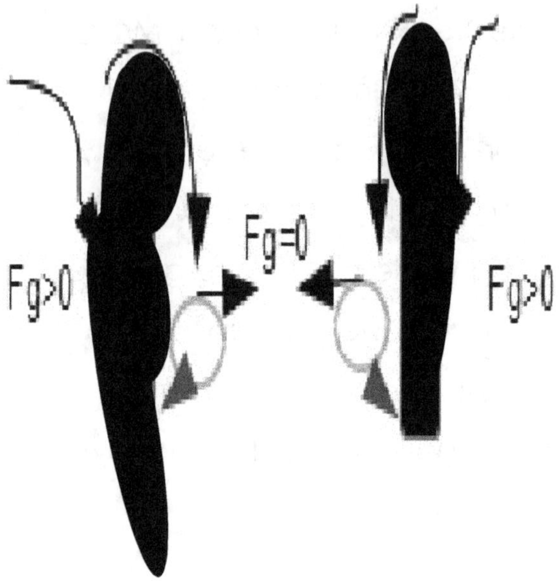

Abbildung 4:

Massenzusammenführung in einer umgebenden Strömung

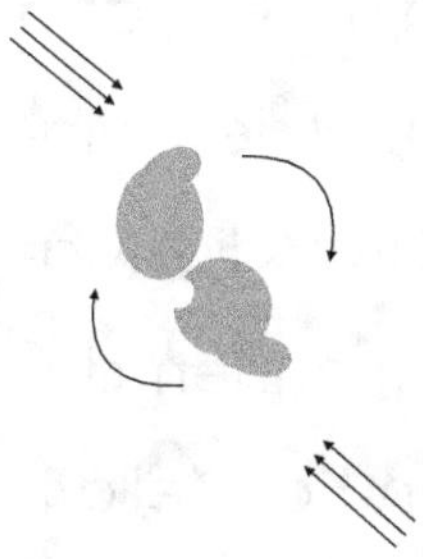

Abbildung 4': Entgegengesetzte Strömungen rotieren Materie und führen bei geeigneten Vorrausset-zungen zur Verbindung

Die Komponenten der Kräfte bzw. sich ausbreitende Verschiebungen mittels Materie, die aufeinander tref-fen, sich in ihrer Ausbreitung brem-sen oder gegenseitig aufheben, dämpfen oder vollständig absorbieren, vergrößern nicht den Abstand dazwischen. Die auftreffenden Materieelemente verschieben die Materie entsprechend und können dadurch in der geeigneten Konstellation eine Lücke schliessen, d.h. komprimierend und gedämpft wirkende Kraftkomponenten deplatzieren bzw. verbinden atomare Strukturen. Asymptotische Strömungskomponenten bilden die ersten annähernden und in der Folge oft verbindenden Kräfte. Die Strömungskomponenten treten häufig bei gegenläufigen Strömungen zwischen den optisch verknüpfbaren Grenzflächen auf. Materieanhäufungen bilden gewöhnlich einen Wirbel. Diese Wirbel sind erkennbar als Knotenpunkte. Erkennbare Knotenpunkte in Kristallen sind nach dieser Annahme wahrscheinlicher Wirbel mit einzelnen Ausläufern die später als Kanten dienen. Auch lassen sich torusförmige Ringe über „Wasserstoffelemente“ gut verbinden. Es wirkt die Streuungslinearisierung als Modell der sich ordnenden Elemente im Strömungsfeld. Das entstehende Abbild ist abhängig von der primären Materieform, z.B. Stäbchen. Materieelemente werden bewegt, damit gestreut und eine gewöhnliche Abstossung zwischen ihnen bildet regelmäßige Anordnungen aus. Die Anordnungen sind als Materieanhäufung und Leerstelle erkennbar. Entscheidend sind dabei die sich mischenden Größen, Beschleunigungen und Dichte Verhältnisse der beeinflussten Materieelemente.

Neben dem Wirbeleinfluss ergibt sich wie bei allen Stossprozessen entsprechend der Materiestruktur überwiegende Auslenkungen. Diese verhalten sich gem. der aus der Mechanik bekannten Gesetze. Die Kräfte wirken z.B. in die Richtung des größten Hebelarms. Aus z.B. zwei zuvor diagonalen Zuflüssen entstehen mittels einer Teildrehung parallele Linienordnungen.

Abbildung 4'': Im Materieverbund ist die Streuung aufgrund der zunehmenden Materiekomplexität größer und die Reflektion einzelner Materieelemente verhältnismässig geringer.

Temperaturänderungen können die Bildung des Konglomerat stark unterstützen. Gut erkennbare Beispiele sind Kristalle. Anfänglich auf der Basis, sind die einzelnen Elemente noch sehr ungeordnet. Gleiche

Elemente ordnen sich und bauen sich anhand der sich bildenden Gitterstruktur auf. Entscheidend für die entstehende Dichte sind die am Entstehungsort herrschenden Verhältnisse bzw. Temperaturverhältnisse. Es ist dadurch möglich, dass Mikrostrukturen eine wesentlich höhere Dichte aufweisen als Makrostrukturen.

Die für einen solchen Ausgleichsvorgang notwendige Zeit ergibt sich aus der anfänglichen Impulsbeschleunigung und dem Weg den das einzelne Teilchen beschreibt. Somit ist die künstlich eingeführte Zeit eine sekundäre auch verzichtbare Messgröße. Trotzdem ist diese Messgröße ein brauchbares Hilfsmittel zur Beschreibung von Abläufen.

Sich wiederholende Vorgänge können durch die eingetretene vorausgegangene Streuungslinearisierung erst im Sinne eines sich ausbreitenden Vorganges, wie z.B. einer Durchdringung, erfolgreich werden. Einzelne Materieelemente können so sich nach einer Impulsanregung an oder in der geeigneten Position befinden um einem nachfolgenden Materieelement die Voraussetzung für den Weitertransport zu ermöglichen. Viele Einzelelemente die sich in einem Verbund befinden, können z.B. durch einen Impuls weitertransportiert werden, der in seiner Gesamtsumme die Einzelbindungen aufheben kann. Zeitkonstanten sind dabei ein Näherungswert bzw. eine Vereinfachung für die Summe der

Einzelvorgänge. Vergleichbar ist dies mit den sogenannten Fraktalen als Vereinfachenden Faktor für eine differenzierte Oberflächenstruktur.

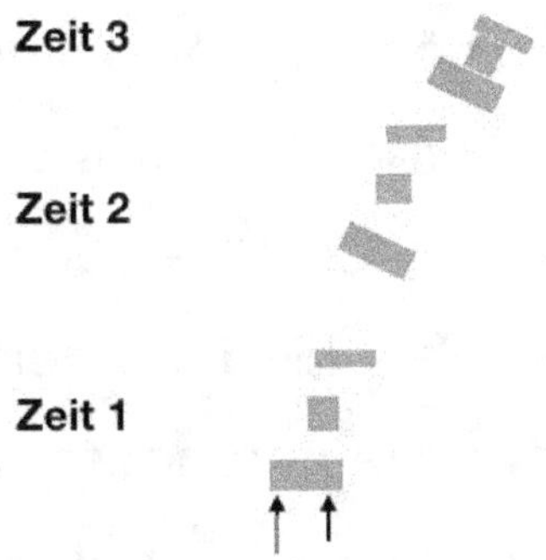

Abbildung 5: Bewegliche Materieelemente mit Absorptionsverhalten, zu drei verschiedenen Zeitpunkten, nach wiederholten Impulsanregung als Beispiel für die Linearisierung bzw. Bündelung in der Materieanordnung

Besonders wirken sich bereits entstandene im Weltraum existierende Objekte bei der Veränderung des

Strömungsfeldes bzw. der Dichteverteilung aus. Strömungen um mehrere Planeten werden, in gewissen Entfernungen, je nach Überdeckungskonstellation verschiedene zeitliche versetzte materieumrandete Kreisausschnitte erzeugen (Schatten der kugelförmigen Objekte). In der zeitlichen Betrachtung ergibt sich eine Anordnung dieser verzogenen Kreisausschnitte auf einer gedrehten geöffneten Wirbellinie

(siehe Abbildung 5').

Ungleich große Kugeln bzw. Entfernte, ergeben in der Überdeckung Tori oder geschlossene Kreisringe.

Abbildung 5´: Wirbelentstehung aus Verdeckungsmaterieansammlungs-formen

Trifft nun auf diese Konstellation eine

geeignete Gegenströmung, kann sich ein verdichtbarer Materiering, der sich zur Sternentstehung eignet ist, ergeben. Durch den gleichen Abschattungseffekt können die jeweiligen Enden sich zu gespiegelt wirkenden S-förmigen Formationen verbinden.

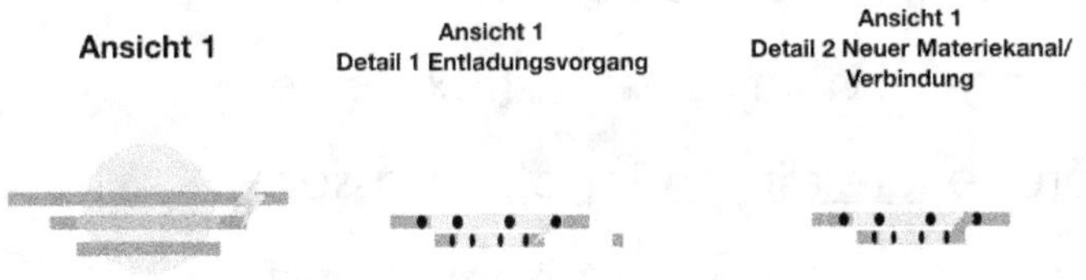

Abbildung 4': Beispiel für die Materieverbindung aufgrund von lokalen Temperaturerhöhungen

Planetarische einzelne Materieringe können durch Reibung Elektronen ansammeln bzw. bilden, die z.B. mit Hilfe eines Eisstrings, oder allgemein eines Materiestrings bzw. einer metallischen Verknüpfung, eine sich erhitzende Entladung bzw. einen Lawinenkanal erzeugen. Unter (Eis)String wird in diesem Text eine gefrorene dreidimensionale Wasserkette verstanden. Möglicherweise ist die Kette auch nicht vollständig geschlossen und kann entsprechend überbrückt werden oder schliesst sich allmählich. Eine eindimensionale Kette möge ein mathematisches Modell sein aber praktisch wird diese als nicht realistisch angesehen. Es entsteht besonders nach dem Abkühlen eine Materieverbindung zwischen zwei vorher unabhängigen Materiewirbel bzw. Blöcken, Scheiben, Ringen etc..

In der Vergangenheit wurde immer wieder versucht eine geschlossene analytische Lösung zur Berechnung der Gravitationsvorgänge zu bilden. Denkbar ist es eine analytische Lösung von der ersten Verschiebung, der Ausbreitung dieser Verschiebung z.B. als Impuls, durch einen Raum mit gewissen Eigenschaften bis zum einem Materieelement auf das eine Kraft wirkt, zu entwickeln. Dabei sollten u.a Materieansammlungsvorgänge bzw. Ausbreitungsbahnen, wie z.B. die Konstellation in unserem Sonnensystem berechnet werden. Sinnvoll erscheint diese individuelle Betrachtung weder mit einer analytischen Lösung, für alle denkbaren Konstellation, als auch für unzählige Einzelkonstellation jedoch nicht.

Dem Gedanken folgend, dass diese Dichteverschiebungsvorgänge an jeder beliebigen Stelle entstehen können und dadurch das treibende Strömungsfeld bilden, wird eine numerische Berechnung als der sinnvolle Weg zur Berechnung und Vorhersage aller Vorgänge zur Materie-Formation bevorzugt. Die unregelmäßige Dichteverteilung und deren Änderung im Raum läßt sich nicht unbedingt mit einer alles beschreibende analytischen Lösung abbilden.

Zur numerischen Berechnung der im Strömungsfeld auftretenden Kräfte im Weltraum kann ausgehend von der oben dargestellten Berechnungsvorschrift für die Kraft F, dass zu berechnende Volumen entsprechend der rechentechnisch vorhandenen Auflösungsmöglichkeit gewählt werden. Die gleichartige Reaktion von verbundenen Elementen bedarf der gesonderten Beachtung. Denkbar ist die Schachtelung der verschränkten Volumenelemente.

Die Wirkungsfläche, bzw. Reflektionsfläche ist entsprechend (oder vereinfacht) der festzusetzenden Materieoberfläche gestaltet, der ankommende Impuls wird entsprechend der 3D Oberflächenbeschaffenheit und - Ausrichtung weitergegeben, gestreut bzw. reflektiert. Besonders zu beachten sind Zweitreflektionen usw. die sich in ihrem Winkel aufgrund der Erstverschiebung geändert haben. Anschaulich stelle man sich dazu ein längliches Materieelement vor, dass von einem Impuls getroffen wird und zu einer Drehbewegung oder zu einer teilweisen bzw. vollständigen Auf- - und Ab- Bewegung veranlasst wird. Ein zweiter Impuls, möglicherweise aus der identischen Richtung, mit der identischen Stärke, wird dadurch höchstwahrscheinlich anders reflektiert. Dies ergibt eine Eigenschaft die der Welle zugeordnet wird. Ebenso wie die Gleichschaltung mehrer Verschiebungsquellen.

Bei einer vereinfachten angenommenen punktförmigen Auftrittsfläche ist diese entsprechend reduziert und der Minimalwert (der Rechenauflösung) entspricht der untersten oder festgesetzten Minimalreflektion bzw. Ausbreitungsdämpfung. Eine Reflektion ist immer nur an einem Teilchen möglich. Dies entspricht praktisch einer unendlich kleinen Materieverteilung zu jedem auflösbaren Raumpunkt.

Die Geschwindigkeit des Aufbreitungsvorganges bzw. der Verschiebung wird entsprechend der Impulsquelle gewählt, z.B. als Lichtgeschwindigkeit für Photonen/Lichtträger.

Es wird nun zu beliebigen Punkten im Raum die wirkende Kraft zu einem Zeitpunkt an einer Wirkungsfläche berechnet. Die Form der Wirkungsfläche ist dabei anpassbar, veränderlich und wiederholend anregbar. Diese entscheidet über die entsprechende Weiterleitung oder Reflektion des Quellensignales. Zusammenhängende bzw. verbundene Materieelemente werden über die Wahl der Volumeneinteilung zur Dichte-Variable eingebracht und führen möglicherweise zu einer Verkettung von einzelnen Berechnungsgrößen. In der Weiterentwicklung der numerischen Berechnung ist, zur Erzeugung von Flächenformänderungen und periodischen Schwingungszuständen der Auftrittsfläche, je nach gewähltem Berechnungsschritt n oder Zeitpunkt, die Wirkungsfläche veränderlich. Die Wirkungsfläche oder das umschlossene Volumen können, im elastischen Fall, auch als ein verknüpftes Federsystem angesehen werden. Letztendlich überwiegt die elastische Betrachtung, ähnlich einer Grenzwertbetrachtung, deren Annäherung an den Grenzwert, also der unelastische Fall, nie erreicht wird.

Die Reflektion des Signales (der Verschiebung) findet am festgesetzten Minimalwert zwischen den einzelnen Materieelementen statt. Das Signal wird weiter im Raum reflektiert und berechnet bis ein unterer festgelegter Schwellenwert (entspricht der

Ausbreitung gleich 0 oder keiner Dichteverschiebung) des schließlich stark gedämpften Signales erreicht ist. Das Quellsignal läuft langsam aus. Andere Signalquellen und an der Fläche wirkende Kräfte, addieren sich zu jeweils dem voreingestellten identischen Zeitpunkt.

Entsprechend ändern sich die möglichen Winkel zur Reflektion, es folgt eine Änderung in x,y Richtung, der Abzug der Ableitung beschreibt die Schwingungsänderung, bedingt durch eine Änderung in der Ausbreitungsrichtung.

Nun lässt sich die wirkende Kraft an jeder Materiekörperstruktur oder Materie, einschließlich des Raumpunktes, simulieren.

2.3 Die schwache und starke Kraft

Seit vielen Jahren wird „The Grand Unified Theory“ diskutiert. Die Einordnung der verschiedenen Größenordnungen der Kräfte, als schwache, starke Kernkräfte und der elektromagnetischen Kraft, gelingt mit dieser Betrachtung zur Materie Formation, wenn der Aspekt des einen Urknalls vernachlässigt wird. Eine alles erzeugende Singularität ist nicht notwendig und nicht realistisch. Eine Singularität würde nach der existierenden Definition auch die Zeit verändern. Von einer Brutto/Netto Zeit im Sinne von zeitverschlingenden schwarzen Löchern und Zeitproduzierenden ausstossenden schwarzen Löchern, haben wir bisher nichts erfahren. Üblich ist es, den Nullpunkt der beliebigen gewählten Zeiteinteilung zu definieren und die Zeit von diesem Punkt und nach diesem Punkt zu betrachten. Die bisherigen Urknall - Theorie entspricht nicht dieser Konvention.

Da in dieser These auch die „Gravitationskraft" mit einbezogen wird ergibt sich die gesuchte „Theory of everything".

Materiebündelungen im Strömungsfeld und die notwendige Kraft dazu, entwickeln sich wie bereits erläutert, aus emittierenden Quellen wie der Sonne/ der Sterne-Aktivität etc.(vgl. auch [1]) und Senken wie inaktive

Materiebündelungen. Fraglich bleibt dabei, wie die einzelnen Kräfte sich ohne einen Bezug auf einen Teilchentyp bzw. eine Teilchengröße trennen lassen. Es kann davon ausgegangen werden, dass die Bewegungsfähigkeit der entsprechenden Umgebung zusammen mit einer Teilchenmischung maßgeblich für die empfundene Kraft sind.

Das Strömungsfeld wird dabei nicht ausschließlich als elektromagnetisches Feld im klassischen Sinne verstanden und auch nicht nur als der bekannte „Sonnenwind". Der Begriff stellt einen übergeordneten Namen, für alle Formen der Veränderung im Weltraum, dar.

Beobachtet wird eine, durch die anhaltende einströmende Fusionsaktivität in z.B. allen Sonnen/ Sternen erzeugte oder durch den Zerfall, ausgehende quantifizierte Strömung (eine Verschiebung, unabhängig von deren Richtung). In dieser Betrachtung erschliesst sich quantifiziert im Sinne von zählbaren Einzelelementen. Dieser Materie- bzw. sogenannter Strahlungsaustritt erzeugt in der Umgebung der Sonne / Sterns / Strahlungsquelle ein Strömungsfeld oder quantifiziertes Strömungsfeld.

Das bekannte Vakuum im Weltraum wird nicht als leer angesehen, sondern als das untere Ende der heutigen Detektier- und Messauflösung.

Die schwächeren Kräfte können auf den ersten Blick nicht mit den starken Kräften verglichen werden, die in einigen Kernreaktionsprozessen sichtbar werden, dennoch ist der Mechanismus der Selbe. Unterscheidungen mögen durch die zuvor erwähnte ungleiche Dichte der Materie entstehen. Unter extremen Temperaturen entstandene Materie zeigt sich gewöhnlich dichter strukturiert und damit stärker verbunden bzw. durch viele Einzelimpulse bei der Entstehung dicht verzahnt. Eine sehr Dichte wenn auch dünne Hüllformation hält hohen Drücken stand. Beim Überschreiten einer maximalen Festigkeit zerreisst die dünne Hülle schneller als eine dickere Schicht. Es entsteht eine Explosion.

Der Aufbau der dichten Hülle lässt sich über die einzelnen Materie Formationsstufen herleiten. Diese Vorgänge beginnend mit einer Scheibenbildung, über einzelne kleinere Wirbel, die aufrecht gefaltet bzw. gebogen werden und deren Zwischenraum der aufgefüllt wird, werden später im Text erläutert.

Im Falle einer Kernzerfall Reaktion kann die ursprüngliche Strukturierung systematisch einbrechen und Lücken bilden.

Betrachtet man die Reaktion von starken Kernreaktionen, muss die Kraft oder spezifischer, das Materie Element beschleunigt oder vorgespannt werden, bevor die starke Reaktion stattfindet.

Eine mögliche Beschleunigungsvariante ist die in Abbildung 6 illustrierte. Dargestellt ist ein Kreisel der durch eine Strömung bzw. Einzelmaterieimpulse angetrieben wird. Dieser Kreisel verfügt über Verlängerungen, die bei einer gewissen Rotationsfrequenz aufgrund der umgebenden Materie und möglichen Änderung in der Ausdehnung, eine Kraftmoment- Verstärkung bewirken und sich ablösen. Die einwirkende Kraft kann, neben der in Abbildung dargestellten statischen Einwirkung, auch durch einen einwirkenden Teilcheneinfluss entstehen- vorstellbar als Elektronen- und Neutronenbeschuss. Die abgelösten Fortsätze, die damit entstehende Wellenlänge, können sich in der korrigierten Größenordnung des Planckschen Wirkungsquantum h bewegen und damit als Gammastrahlung wahrgenommen werden. Der Kreisel befindet sich in einer dauerhaft stabilen Drehbewegung, wenn die durch den Drehpunkt bzw. Kontaktfläche, mit der umgebenden Materie, entstehende Bremswirkung kleiner/gleich ist als die durch den Strömungsfeldeinfluss wirkende Antriebskraft. Anders formuliert, erreicht das Verhältnis der zugeführten Energie zur Frequenz (h) bzw. einer damit implizierten bremsend wirkenden Länge oder Auflagefläche, in der Raumbetrachtung zwischen einzelnen Betrachtungszeitpunkten, ein konstantes Verhältnis. Auch diese Größenordnung bewegt sich sicherlich in Längenbereichen die Wellenlängen kleiner der Gammastrahlen zugeordnet werden. Nicht zu vergessen ist dabei die Eigenbewegung, möglicher Weise durch einen nicht vollständig leeren Raum.

Gleichzeitig kann auch ein zuvor geschlossener Hohlraum durch die beschriebenen Kraftmomente oder Stossprozesse einbrechen. Das umgebende Medium strömt in diesem Fall hinein und wird reflektiert. Typische Beobachtungen zu „Atompilzen" passen zu dieser Art der Strömung. Gammastrahlen treten durch den entstanden Kanal/Öffnung aus.

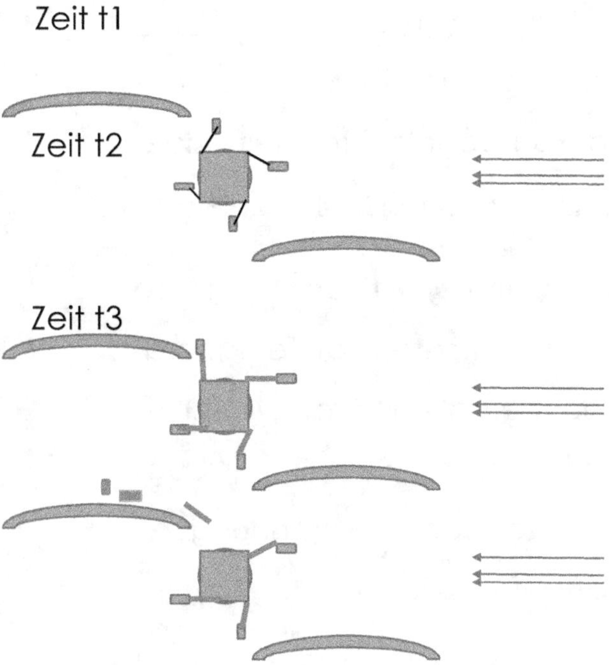

Abbildung 6: Schematische Darstellung von einem in einer Struktur eingebetteten beweglichen Rotationskörper, zu verschiedenen Zeitpunkten einer Präzisionsschwankung, aufgrund einer Störung, die zu Materieabstandsänderungen und Materieablösungen führt.

Für eine mittlere zusätzliche Kraftwirkung genügt bereits ein aus der Hauptachse abgelenkter ineinander geschachtelter Mehrfachkreisel.

Die elektromagnetischen Kräfte werden als mittlere Kraft eingeordnet. Eine Verhakung von verschieden gestalteten „Strings" erzeugt bei dem Versuch der Trennung einen Kraftaufwand.

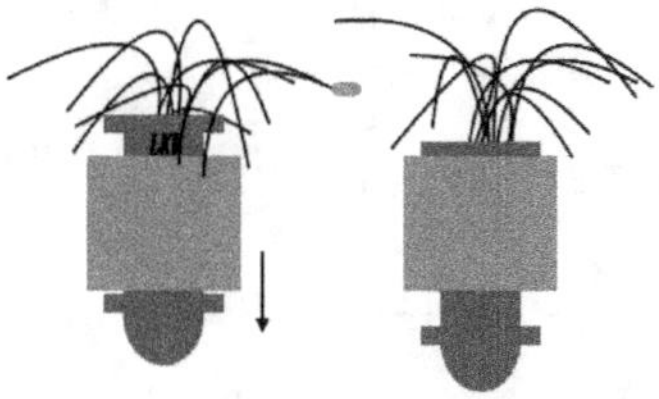

Abbildung 6': Eine durch Bündelung, Umwicklung und Schrumpfung gebildete Struktur mit beweglichen, drehbaren und zum Verhaken geeigneten Elementen

Verschiebbare bewegliche Elemente während einer strukturierten Ausrichtung in einer Strömung erzeugen eine Kraft und können mit unmittelbaren Impulsübertragungen beschrieben werden (vgl. Coulomb Kraft).

Eine stärkere ungebundene Vorbeschleunigung bzw. Zirkulation dient zur Differenzierung von der Reaktion von Materieelemente als Kreisel oder Überbrückungsstrukturen, die dem Impuls Transfer dienen. Materieelemente, z.B. Elektronen, können auf geeigneten Bahnen transportiert werden. Bahnen sind in diesem Sinne lediglich geordnete Durchgangsstrukturen.

Diese Vorbeschleunigung wird, zusätzlich zu Rotationen um ihre eigene Achse, wie z.B. Kreisel dies erfahren, zugefügt. Im Fall des (Spiral)Kreisel ist die Rotation mehr oder weniger an die gleiche Position gebunden. Die Drehrichtung kann durch eine entsprechende Kreiselstruktur, z.B. durch bogenförmige Verlängerungen, entscheidend für den Fortbestand der Rotation sein (vgl. Diodeneffekt/Ventileffekt). Die Kreisel drehen und können durch einen entsprechenden Impuls den Winkel der Rotationsachse ändern, behalten aber die gleiche Position im Bezug auf die Materie. Diese Anregung (Vorbeschleunigung) erstreckt sich von einem einfachen Impulsstoß, der mittels weiter Strömungseinflüsse zu einer ellipsenförmigen Drehbahn führt, bis zum einem durch den Impuls ausgelösten Verlassen der Position der bewegten „freigegebenen" Materie oder einzelner Teilelemente (vgl. Kernzerfallreaktionen, Kettenreaktion bzw. Stossreaktion).

Mittels der Vorbeschleunigung nimmt das rotierende Element eine ungebundene Flugbahn aus der vorherigen Position ein. Dies ist die Voraussetzung für die kräftige Reaktion und Nutzung der Kraft. Die Rotationsgeschwindigkeit lediglich um die eigene Achse eines Materieelementes, verleiht durch die reduzierte Materialoberfläche (im Vergleich zu einer Material Kette) in Kombination mit dem geringeren Drehmoment, durch geringere Längenelemente, eine schwächere Beschleunigung (vgl. Formel 1). Der Temperatureinfluss, ein Platzen von vorgespannten Einschlusskammern und viele einzelne, auch wiederholte Impuls-Ausbreitungen, Federeffekte oder Hebel- Pendel- Doppelpendel- Effekte an einer Materialkette/ Materialröhren bilden die

Grundlage für die angestossenen „freigesetzten Rotationen" ("freigesetzten„ bedeutet, wie bereits erwähnt, eine Materie, die nicht mit einer bestimmten Materie-Position verbunden ist) oder Bewegungskonstellationen. Hebeleffekte sind mit einseitig fixierten, gleichmäßig oder ungleichmäßig verteilten Materialhebeln, als auch mit röhrenförmigen, evtl. einseitig erhitzten, drehenden Materialverteilungen, naheliegend. Ein sehr interessanter Hebeleffekt ergibt sich bei äußerlich ähnlichen Materieelementen mit verschiedenen langen Innenhohlräumen. Eintretende Materie wird nach einer Laufzeit im Innenraum reflektiert und erzeugt damit bei verschiedenen Innenlängen, verschiedenen Anregungen oder im Falle der erneuten Reflektion andere Schwingungsfrequenzen des äußeren ähnlich grossen Materieelementes.

Gleichzeitig verbirgt sich in der zuvor beschriebenen Kombination aus einer transienten, möglicherweise wiederholend auftretenden, elektromagnetischen Beeinflussung ein Risiko für die elektromagnetische Festigkeit von Verkehrsmitteln, dass bisher möglicherweise nicht in Test Standards eingeflossen ist. Ein Erdbeben überirdisch oder unter Wasser kann dazu als Auslöser dienen. Von ferromagnetischen Materialien ist bekannt, dass einzelne Bezirke in der Materie nacheinander umschlagen und so zu einer verstärkten magnetischen Weiterleitung führen. Vorstellbar ist dieser Effekt als eine Beschleunigung durch Leitungsbahnen die von Kreiseln (Protonen) unterstützt werden. Gleichzeitig hat Wasser eine diamagnetische Wirkung. Vorstellbar ist dies als unausgerichtete Kreisel die eine entsprechende Weiterleitung in verschiedene Richtungen erwirken. Es entsteht keine gerichtete Weiterleitung. Blasen führen mit ihrem gebildeten „Hohlraum" bzw. der geringeren Dichte im Inneren, zu einem Isolator bzw. Dämpfungselement zwischen dichteren Stossprozessen. Gleichzeitig können diese auch ein Verzögerungselement darstellen, wenn eine

Innenblase, nach der äusseren Übertragung der Aussenblase, einen weiteren Impuls zeitverzögert überträgt. Im Sinne der Temperaturbetrachtung, führen Lücken zu einer schlechten Übertragung der Bewegungsprozesse. Eine auseinander fallende Materieansammlung, eröffnet Lücken und führt zu einer schnelleren Abkühlung. Man vergleiche dazu das Experiment zum schnelleren Einfrieren von heissem Wasser.

Die Dichte wird im Falle der Wasser-Methanmischung verringert. Durch die Kanalwirkung (paramagnetisch) und eine gerichtete Ausbreitung wieder diese wieder gefördert. Im Fazit sind neben den auf dem Meeresboden freiwerdenden bekannten Methan- Lagern, auch die reinen elektromagnetischen, plötzlich erzeugten Impulse in die Risikobetrachtung einzubeziehen. Berichte zu möglichen Störungen sind immer wieder von Verkehrsmitteln bekannt die sich im Bermuda Dreieck bewegt haben. An dieser Stelle scheint eine kanalförmige Verbindung durch die Erdkugel ihren Ausgang zu finden. Auf der gegenüberliegenden Erdkugelseite, im indischen Ozean, befindet sich ein „Gravitationsloch". Dieses tunnelähnliche Konstrukt verändert sowohl die Reflektion als auch die Durchgangseigenschaften. Ähnliche, aber schwächere Kanalstrukturen, zeigen sich auf Hawaii und um die Südspitze von Süd Amerika.

Kapitel 2 Zusammenfassung:

Der Text erläutert, dass der sich ausbreitende Impuls bzw. die Zusammenhänge um die Impulsbetrachtung, basierend auf einer Verschiebung, d.h. jeder Änderung der relativen Position eines Materieelementes, einen erklärbaren Zusammenhang zwischen der Quantentheorie und der Wellentheorie bildet. Die Verschiebung wird durch den Materieausstoß als Folge aller emittierenden Massen wie z.B. der Sonnen/ Sternen Fusionsaktivität, roter Riesen, imitierender schwarzer Löcher etc. erzeugt. Im inneren dieser Fusionskörper, werden neben der Abstrahlung, einzelne Materieelemente verbunden. Dadurch entsteht ein

Sog. Dieser Sog wirkt lediglich auf die Fusionspartner oder auf verkettete Elemente. Eine Verkettung kann durch ein gegenseitiges Anstossen und verknoten der Einzelelemente entstehen. Dabei kann eine direkte Verhakung stattfinden oder die Einzelelemente leiten Materie zu. Die aufeinander treffende Materie bildet ein „Reflektionsvolumen". Unter Reflektionsvolumen versteht sich ein im gewissen Sinne gleicher Abstand der Materiepartikel nach einer Kollision. Dieser Vorgang läßt sich unter die erwähnte Streuungslinearisierung einordnen. Verfestigt sich diese Sphäre entsteht ein Knotenpunkt. Alternativ ist die Ansammlung von Materie in beruhigten Zonen an kreuzenden Materiezuführungspunkten vorstellbar. Es bilden sich durch geeignete Vorraussetzungen neue verkettete Elemente. Hilfreich für die Verkettungen sind die unterschiedlichen Größenordnungen der emittierten Materien. Die aufeinander stossenden Elemente können aufgrund der umliegenden Struktur, Bahnen reflektierend zurücklegen und somit durch ihr Auftreffen, periodisch Bahnen für kreuzende Materieelemente öffnen und schliessen. Letztendlich ist dies wiederum ein Impulsvorgang. Über eine längere Zeitdauer betrachtet wird es als Schwingung erkannt. Alle Raumelemente im Strömungsfeld, in der Umgebung der Impuls basierten Verschiebung, werden beeinflusst ("bewegt"). Es wirkt eine Kraft auf die

Materie abhängig von der Materiestruktur. Bekannte wellenartige Erweiterungen können initiiert werden und beobachtet werden, z.B. in Aufnahmen von Interferenzmustern am Spalt. Wellenartig ist im erläuterten Sinne kein elementarer Effekt. Dieser ergibt sich aus Verschiebungen und Reflektionen. Die Verschränkung, die aus der Quantentheorie bekannt ist, versteht sich in Relation zur materiellen Verschiebung in oder entlang des Impulsausbreitungspfades und des Strömungsfeldes. Der Ausbreitungsweg und dessen Weite, hängen von der Quelle der Materialverschiebung, dem Ausbreitungsmedium, dem Element, der Verschränkung, den Kollisionen und der Umgebungstruktur ab. Länglich kollidierende Materieelemente ordnen sich bei geeignetem Aufprallwinkel oder durch die Anzahl der Kollisionen, wie zuvor erwähnt parallel an. Vorstellbar sind auch verbundene Materieelemente, die übereinander liegen und sich in der Bewegung um einen Fixpunkt herum erweitern können. Der Fixpunkt kann orthogonal zur Überlagerungsebene existieren und damit eine dynamische Vergrößerung der Fläche des Teilchens zulassen.

Gemäß der Superpositionstheorie können Partikel an mehreren Orten und Zuständen gleichzeitig existieren. Es handelt sich damit immer um ein Teilchen, dass seine Gesamtform ändert oder das Teilchen teilt sich.

Ein Beobachter erzeugt immer eine Reflektion, stört damit den zu beobachtenden Vorgang und die Zustände der Überlagerung.

Einsteins Raumkrümmung kann in direkte Beziehung zur Strömungsdichte gesetzt werden. Das Nachweisexperiment während der Mondfinsternis von 1919 wird in Beziehung zu den Winkeländerungen bzw. Lichtstrahlreflektionen der beteiligten Atmosphären bzw. Gasmischungen (Erde, Mond) gesetzt. Der Ausbreitungspfad mit seiner Impulscharakteristik und Dichteverteilung ist für die Geschwindigkeitsdifferenz bzw. Richtungsänderung der Ausbreitung im Vergleich zu anderen Pfaden verantwortlich. Der Begriff der Raumzeit wird im Prinzip zu einer vollständigen Beschreibung der Vorgänge im Weltall nicht mehr benötigt. Ein passierender ursprünglich gerader Strahl wird durch die genannten Eigenschaften gekrümmt oder durch ein Hindernis abgelenkt. Im existierenden Einsteinschen Verständnis ist es hilfreich den Begriff für das standortabhängige variierende Erscheinungsbild eines zeitlich versetzten Vorganges zu verfestigen. Ein identischer Vorgang, aus theoretisch zwei Standorten betrachtet, wird durch die Laufzeit des Lichtes, je nach Entfernung, versetzt wahrgenommen. Zur vollständigen Betrachtungsweise, dass der Ort an dem der Beobachter sich befindet, jeweils ein anderes Zeitbild aufgrund der verschiedenen Entfernungen die das Licht bis zu diesem Ort zurücklegen muß, liefert, dient die Kenntnis der Dichteverteilung auf den jeweiligen Ausbreitungspfaden. Das quantisierte Strömungsfeld beantwortet Einsteins Frage nach der Quelle der nicht lokalen Eigenschaften. Die schwachen, mittleren und starken Kräfte zwischen Materie können mit dem selben Strömungsfeld Effekt erklärt werden. Im ersten Fall werden einzelne Materie Elemente davon beeinflusst, im zweiten Fall Materieelemente durch die Impulsweitergabe bewegt, im dritten Fall werden rotierende freigesetzte Materie/Öffnungen/Ketten/Röhren/

Hebel/Pendel, die möglicherweise wiederum eine Kettenreaktion auslösen können, geöffnet/gedreht/verschoben/gesprengt.

3 Strömungsfeldraum und Abstoßung

Es folgt nach der kurzen Wiederholung eine Erklärung des übergeordneten Effektes, der Gravitation genannt wurde und es wird die neue Sicht der Materie Bildung als meist nicht-symmetrische Theorie erläutert. Es wird eine inverse Perspektive eingeführt, in der Materie die Kraft nicht erzeugt oder die Energie bzw. Masse den Raum/die Zeit krümmt, sondern ein "veränderndes" bzw. widerstandsbehaftetes Element in einem quantisierten Strömungsfeld ist. Ein Anziehung der Materie ist ein indirekter Effekt (vgl. dazu diese zwischen Magneten, ein „Kreisfluss" im Material und um das Material, erzeugt an einer Seite eine abstossende Wirkung und auf der anderen Seite, durch den Eintritt in das Material, an anziehende Wirkung. Bekannt sind Supraleiter die Widerstandslos funktionieren. Für Festmagnete sind durchaus widerstandslose Rotationen einzelner Elemente im Material denkbar. Diese können den „Kreisfluss" stetig antreiben. Die Menge an zu Verfügung stehenden Elektronen ist fast unerschöpflich, vgl. Aluminium 1*1*1cm, ca. 1*10hoch28). Eine verkettete Zugwirkung läßt Lücken entstehen, die durch die Impulsweitergabe wieder gefüllt werden. Meistens kommt es bei Impulsvorgängen zur Abstossung und einer Vergrößerung des Abstandes aufgrund der Reflektion. Das Strömungsfeld besteht aus mehr oder weniger dicht angeordneter Materie. „Die Veränderung“ beeinflusst die Strömung und damit die Formation und Anordnung der Materie.

Nach Kapitel 2 bilden eine Summe von Fusionen, Verschiebung, Zerfälle und Erweiterungen im Raum die Quelle für die Kraft, die auf Materie wirkt. Viele dieser grundlegenden Einzelquellen können als Fusions- bzw. Emitter- Quellen gesehen werden und bilden die sich ausbreitende Verschiebung als Impulsquelle. Jeder Energiewechsel, wie z. B. eine

Elektronenlawine, erzeugt eine Verschiebung. Diese Verschiebung hängt von der Ausgangsquelle ab und ist im Einklang mit der Raumausbreitung in und außerhalb von Materie. In Anbetracht von Reflektionen (Abstoßung) aller astronomischen Änderungen, bildet sich ein Strömungsfeld oder -raum. Das Strömungsfeld ist inhomogen und kann viele Richtungen haben (Vergl. [3]) - von größeren homogenisierten Richtungen der Strömung zum Gegenteil, aufgrund von lokalen Wirbeln. Die anfängliche Geschwindigkeit, der Impulsauslöser, gilt als konstant, solange die Ausbreitung "ungestört" ist. Angeordnete Materie bildet im Ausbreitungspfad einer eintreffenden Materie einen Reflektor oder je nach Materiestruktur bzw. der Übereinstimmung zwischen Materiestruktur und eintreffender Materie eine Materiekumulation. Je dichter die Ansammlung ist, desto mehr des Strömungsfeldes wird reflektiert.

Gleichzeitig kann je Materieansammlung durch beinhaltete Quellen, die das Strömungsfeld bildenden, Elemente aussenden. Man vergleiche dazu radioaktive Kernstrukturen der Erde und des Mondes.

3.1 Das Strömungsfeld, der Weltraum, Emitter, Zusammensetzung

Unter der Annahme, dass das Strömungsfeld hauptsächlich durch emittierende Objekte erzeugt wird, kann die Umweltveränderung mit weiten Kollisionen durch einen sich ausbreitenden Impuls im elektromagnetischen Spektrum verursacht werden. Als emittierende Objekte kommen z. B. die verschiedenen Sterne/Sonnen, rote Zwerge/Riesen, "Pulsare" (meist teils offene Strukturen/oder teils von anderen Objekten verdeckt, rotierende emittierende Objekte, auch als emittierende schwarze Löcher bekannt), zerfallende Objekte in Betracht. Die feststellbaren Schwingungen in unserem System lassen sich solchen Emissionen zuordnen. Kollidierende Zentralkörper erzeugen seitliche Materieauswürfe. Wenn diese von einem weiteren Kreiswirbel umgeben sind, ist das notwendige Momentum vorhanden, die Zentralkörper wieder zyklisch in die Kollisionsposition zu bringen und erneut einen Materieauswurf im Kollisionspunkt zu erzeugen. Zu den imitierenden Objekten lassen sich im weiteren Sinne auch passive Quellen, im Sinne einer besonders unterstützten Durchlässigkeit einordnen. Es entsteht nach dem Durchgang ein füllbarer Raum der zuvor von anderer Materie besetzt gewesen ist. Ein sich aufbauender

Gegendruck kann einen Planeten mit einer vergleichweise anderen Atmosphäre ausstatten. Man vergleiche z.B. dazu das Magnetfeld der Erde und die Atmosphärendrücke von Erde und Venus. Weite Kollisionen überbrücken einen Raum außerhalb der Kernbindungskräfte. Kollisionen, die in der Lage sind, eine Hülle zu bewegen, transportieren einen Impuls schneller. Der innere Bezirk der geschlossenen Sphäre würde einen nicht übereinstimmenden Widerstand bieten. Anders formuliert, führen „Widerstandsänderungen“ durch eine Änderung der Materiestruktur bzw. deren Verknüpfung zu Reflektionen, die sich möglicherweise kompensieren oder erneut reflektieren. Bei der Betrachtung von höherfrequenten Vorgängen hat sich für Änderungen der Umgebung bzw. des im Ausbreitungspfades befindlichen Widerstandes, auch die Bezeichnung Wellenwiderstand etabliert.

Bei starken Emittern, wie zuvor erkennbar, aus dem elektromagnetischen Spektrum, kann davon ausgegangen werden, dass es sich um entladende Plasmaströme handelt. Ein Plasmastrom wird als vollständige Auflösung der Materiekonstellation gesehen und deren gerichteten Ausbreitung. Es wirkt dadurch eine starke Kraft.

Plasmaströme können umgekehrt durch Einschläge, z.B. in der Sonnenoberfläche entstehen. Sichtbar werden rotationsbedingte wirbelförmige Auswürfe, die Reflektion auf der Oberfläche auslösen. Der Einschlagwinkel, die inneren Strömungen und Materiestruktur sind dabei massgeblich für die Form der Reflektion (vgl. „Wasserkrone").

Eine mittlere „elektromagnetische" Kraft wirkt durch Ströme in einer Materiestruktur, wodurch Impulse von Elektronen weitergegeben werden oder sich lösen, die zu einzelnen Austritten führen, wobei die Materiestruktur sich nicht vollständig auflöst. Die Ordnung bleibt im wesentlichen erhalten. Frequenzen von sich wiederholenden Vorgängen sind direkt aus dem elektromagnetischen Spektrum bekannt. Möglicherweise nehmen Speicher Elektronen auf. Damit „laden" sich einzelne Bezirke. Umgekehrt funktioniert dies auch durch eine mechanische Bewegung. Es folgt ein „elektrostatisches" auf und entladen zu einem Zeitpunkt. Es kommt zu Sammlungsstellen die zu einem gewissen möglichen Zeitpunkt abfließen.

In dieser Darstellung wird "elektrostatisch", im Sinne von, aus dem Material herausgelöste, zeitweise im Verhältnis zur direkten Umgebung, relativ lagestabile separierte Elektronen an der Oberfläche eines Materie Körpers verstanden. Diese können durchaus eine geschlossene Formation bilden, wie z.B. Wirbel oder einen Kreisring. Wobei diese elektrostatische Aufladung vermutlich weiter betrachtet werden muß, als die reine Elektronenansammlung. Denkbar sind Kombinationen aus rotierenden Elementen (siehe Proton) und im zuvor definierten Sinne Teilelektronen und verlängerte Feinstrukturen.

Zentrische oder dezentrale und asymmetrische Rotationen können die Verschiebung durch unregelmäßige Öffnungen in den äußeren Strukturen ausstrahlen. Wichtig für den Effekt ist das Verschließen einer Materieoberfläche, dass letztendlich zu unterschiedlichen Kräfteverhältnissen führt. Vorstellbar als ein Schwimmkörper dessen Lecks sich verschließen und dadurch die auf den Gesamt-Schwimmkörper wirkende Kraft nicht weiter abnimmt. Gewöhnlich erzeugt ein weiteres Auffüllen eine Ausdehnung der Trägermaterie. Jede Oberfläche in der Nähe zum elektrostatisch geladenen Träger eignet sich zu Abgabe der Ladungsträger und damit zur Entspannung dessen.

Die verschiedenen oben aufgeführten Emissionsquellen lassen sich im Prinzip alle ineinander überführen. Die verschiedenen Temperaturen der Reaktionsvorgänge erzeugen sich aus den entsprechenden Bewegungsvorgängen und entsprechenden Dichteverteilungen. Ein röhrenförmiger asymmetrische rotierender Körper erzeugt mehr Kollisionswechselwirkung als eine ausgeglichener symmetrischer Rotationskörper. Die Verbindung kann dabei durch eine Umwicklung vor sich gehen. Ein Wasserstoff mit einem einseitigen „Übergewicht/Massenstrukturdichteverteilung" erzeugt mehr verteilte Bewegungen als eine symmetrische Heliumverbindung. Ein Stern mit größerem Heliumanteil beruhigt sich dadurch (weisser Zwerg). Es muss davon ausgegangen werden, dass das uns bekannte Helium auch in kleineren Varianten vorliegt. Man könnte dies als Urhelium bezeichnen. Der uns bekannte Sauerstoff könnte mit fein gespaltenem als Baumwollflocken vorstellbares Helium korrelieren. Gewickelte und gespannte feine Fäden entwickeln eine explosive Kraft im Falle einer Durchtrennung. Um auch die zuvor verwendete Säureeigenschaft in Form von Spitzen zu kombinieren, läßt sich eine „Gerüststruktur" gefüllt mit diesem „Gewebe" ableiten. Die verschiedenen Temperaturen der einzelnen bekannten Sternarten lassen sich, neben der jeweiligen Elementbeifügung die einen Farbeffekt erzeugen, mit diesem Anhäufungseffekt bzw. Dichteeffekt herleiten. Die „Brennvorgänge" im Weltall basieren damit überschaubar auf einem Effekt.

Abbildung 7: Gekreuzte Austritte auf einer Ebene (zur Verdeutlichung am Kreisringausschnitt) und dadurch im Raum entstehende Strahlenmuster im Streiflicht. Die Austrittsstruktur erzeugt verschiedene Austrittsrichtungen. Besser Vorstellbar sind in der Nähe des Austrittsschlitzes kreisende andere geometrische Formen. Der Schlitzdurchtritt wird damit in gewissen Zeitintervallen ermöglicht.

Neben der Austrittsstruktur ist die Form möglicher zusammenstossender Materieelemente entscheidend für die Abstrahlungsrichtung.

Austritte ergeben sich gleichförmig, d.h. in sich wiederholenden Austrittsbahnen, zwischen stationär rotierenden Materieelementen bei einer geeigneten Zuführung von kleinerer Materie. Neben dem Austritt, kann auch eine einfache Reflektionsabbildung an einem linienförmig ausgeführten Hintergrund zu solchen Strahlenmustern führen.

Umgekehrt kann schleifenförmig rotierende Materie, in einer tunnelartigen Umschliessung mit einzelnen Öffnungen, Materie zuführen. Am Kreuzungspunkt, der höhenversetzt ist, entsteht dadurch ein Volumenkörper mit einer wechselnden Oberflächenstruktur (vgl. Noppen, Fugen und Elektronen). Ist die Materiezuführung konstant entsteht eine gleichmässige Struktur. Eine solche Struktur im Großen befindet sich im Milchstrassenzentrum.

Die Energie dieser Anordnung läßt sich mit der Schrödinger Gleichung beschreiben. Dazu ergibt sich die Gesamtenergie des sich bewegenden Massestroms im Zentrum aus der Bewegungsenergie (Wkin) in Form einer oder mehrerer Funktion die zu einer Schleife zusammengesetzt werden und den höhenversetzten potentiellen Energieniveaus (Wpot) in ihrer ähnlichen Funktionsbeschreibung. Diese sind entweder unabhängig übereinander angeordnet und lassen sich damit nur in diskreten Bahnen multiplizieren (vgl.

dazu auch Pauli's diskrete Energieniveaus) oder sind schräg verbunden und lassen sich so mit der Euler Gleichung gut übereinander verbinden (vgl. Spirale). Die übereinander angeordneten Energieniveaus oder Materie Bewegungsbahnen variieren faktorabhängig um ihre verschiedenen Ausbreitunggrößen zu beschreiben. Die jeweiligen Funktionsbeschreibungen der Schleifenbahn mögen durch Höhenvariationen z.B. in Form einer Sinusschwingung als Auf-und Abbewegung, überlagert sein bzw. multipliziert werden. Die Gesamtanordnung der einzelnen Bahn, läßt sich als gespiegelt Riemannsche Vermutung bzw. Wahrscheinlichkeitsverteilung darstellen.

Abbildung 7': Im Gegensatz zu Abbildung 7 werden die Strahlenaustrittsrichtungen durch die Innenstruktur und dem Zusammentreffen des äusseren Rotationsringes bestimmt.

Rotierende Materie wird durch die Nähe einer zweiten rotierenden Materie aufgrund der Reflektion im Strömungsfeld im Randbereich örtlich versetzt. Damit entsteht eine Höhenstruktur und Tiefenstruktur. Ein Verschieben in eine Vorzugsrichtung kann diese flächige Struktur ähnlich der in Abbildung 3'' abstrakt dargestellten überführen. Die Höhenstruktur wird sichtbarer, ähnlich dem besser sichtbaren Effekt von hintereinander angeordneten, sich überlagernden Strahlenaustritten (vgl. den Strahlenring um die Sonne). Eine angehobene Randzone kann in folgenden Materieverbindung erhalten bleiben und dadurch auch eine innere Vorspannung erzeugen. Es ergibt sich dadurch ein weiterer Federeffekt.

Eine umbundene Blasenstruktur, die während oder nach der Umwindung einer Temperaturschwankung unterlag, bietet eine weitere vorgespannte Formation. Im Falle einer Trennung der Umwicklung, entsteht, je nach den wirkenden Druckverhältnissen, eine federartige bzw. sprengende Entspannung oder Ausdehnung.

3.2 Fusionen, Dunkle Energie, Turbulenzen, Licht, Wasser und elektromagnetische Effekte

Fusionen benötigen eine Verschiebung in Richtung der Reaktion. Strahlung und Elemente z. B. Neutrinos, sind entsprechend entgegengesetzt gerichtet. Möglich sind auch Rotationskörper die sich in der Rotationsrichtung, z.B. übereinander, verbinden. Ungleich verteiltes „geladenes“ Material, hier im Sinne von mechanisch verknüpft zu betrachten, bleibt im Kern. Diese Verschiebungen (könnten in Teilen "dunkle Energie" genannt werden) können bei einer wiederholenden Frequenz, die durch Stossprozesse bzw. einen Druckausgleich/ Resonanzen verursacht werden, den Eindruck von hin- und her-fließenden Strömen erzeugen (möglicherweise wegen unsymmetrischen Rotationskernen). Die Materie wird für einige Zeit geschoben und nach dem Anhalten des Strahls oder des Stromes rückwärts, teils durch Reflektionen und andere kreuzende Ströme, verteilt. Größere Austrittsöffnungen in Kombination mit einer Rotation erzeugen weitere Ungleichverteilungen („Beams"). Rotierendes Material kann dabei nicht unbedingt als rund angesehen werden, sondern in Stabform oder Fäden etc. auftreten .

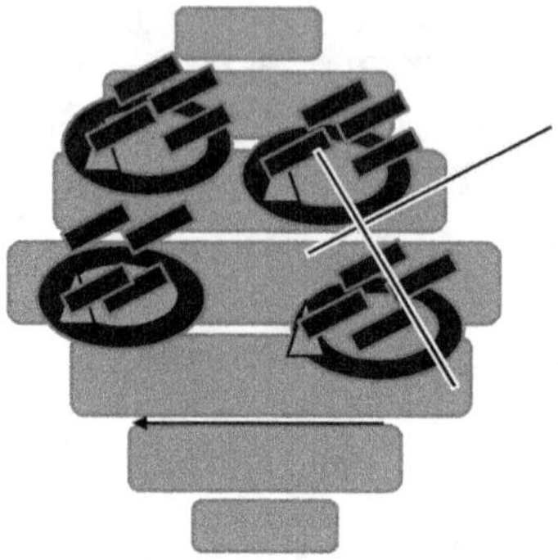

Abbildung 7': Abstrahlungsanordnung am Austritt von Abstrahlungsquellen mit zusätzlich rotierenden länglichen Materialkomponenten in verschiedenen räumlichen Ausrichtungen zur Erklärung von feinen, sich kreuzenden Strahlen

Mit länglichen rotierenden Materialkomponenten, Spiralen und Kanten ergeben sich schmal begrenzte und möglicherweise gekreuzte Strahlen. In festen Strukturen können sowohl stabähnliche Strukturen sich vor Öffnungen zum Austritt befinden, als auch verschobene Strukturen in die Öffnung der festen Strukturen hineinragen. Stabförmige Strukturen bilden sich durch spiralförmige absteigende Formen, sowohl durch Verkettungen, als auch durch das Ineinanderstapeln von z.B. waben-, zylinder- förmigen oder V-förmigen Materieelementen. Weitere Materie kann sich nach einem Austritt aus einen Volumenkörper an diesen Stapeln und sich geführt weiterschieben. Austrittsöffnungen in den

Volumenkörpern entstehen aus Ringströmungen, Risse und ursprüngliche, durch die Entstehung erzeugte Öffnungen.

Ausgehende Strahlung kann sich über eine vorgelagerte Ebene ausbreiten oder an Gitterstrukturen gebrochen werden. Diese Ebenen bilden sich teilweise aus Eisplatten oder Eisstrukturen. Der optische Eindruck ändert sich mit der Menge der Gaseinschlüsse in den Strukturen. Gaseinschlüsse sind strukturiert umschlossene Gebiete größerer Bewegung bzw. Turbulenz. So genannte "Schlieren" sind Orte größerer Turbulenzen und in Kombination mit der Rück- Bewegung erscheint der Eindruck von "Schlieren" auf einigen astronomischen Bildern. In dieser Turbulenz werden verschiedene (innere) Ansichten dieser Materialstrukturen („flockenartige" -Stücke mit Elektronenmaterial) und ihrer transienten oder resonanten Aktivität sichtbar, ähnlich dem vorbeifließenden weißen Wasser nach einer von oben nicht sichtbaren Kante unter Wasser. Im Prinzip wird durch die Drehungen Luft eingebracht. Gleichzeitig verdunkeln diese ungeordneten Strömungen angrenzende Bereiche. Der Durchtritt aus der Querrichtung wird gestört oder die Impulsausbreitung gestreut.

Bedingt durch die Aufnahmetechnik, ist die Aufnahme einer schnelleren Bewegung in unmittelbarer

Nachbarschaft zu einer langsameren Bewegung, durch einen unschärferen Bereich gekennzeichnet. Ändert sich im betrachteten Bereich in einer Strömung die vorhandene Dichte erneut zu einer weiter erhöhten Dichte, wird die Impulsübertragung, bei der richtigen Anpassung zwischen Quelle, Überträger und evtl. der umgebenden Struktur, entsprechend schneller und umgekehrt. Dämpfende Innenbereiche sind in diesem Fall verringert. Als <u>dämpfende Innenbereiche</u> sind Bereiche zwischen gebündelten Materiestrukturen zu sehen, als auch federnd wirkende Bereiche einer gebündelten Materiestruktur. Federnd wirkende Innenbereiche erzeugen immer rücklaufende Wellen die sich bei erneuter Anregung überlagern. Der Effekt der Entstehung von verschiedenen Geschwindigkeitsbereichen durch eine Steigerung der Entropie läßt sich auch bei Fisch- und Vogelschwärmen in der Natur beobachten. Vogel- und Fledermausschwärme nutzen durch sie selbst verursachte steigende Warmluftbereiche und fallende Kaltluftbereiche und folgenden jeweiligen Strömungen. Die zum Zeitpunkt der Flugmanöver herschende jeweilige Gefieder- bzw. Körpertemperatur ist dabei entscheidend.

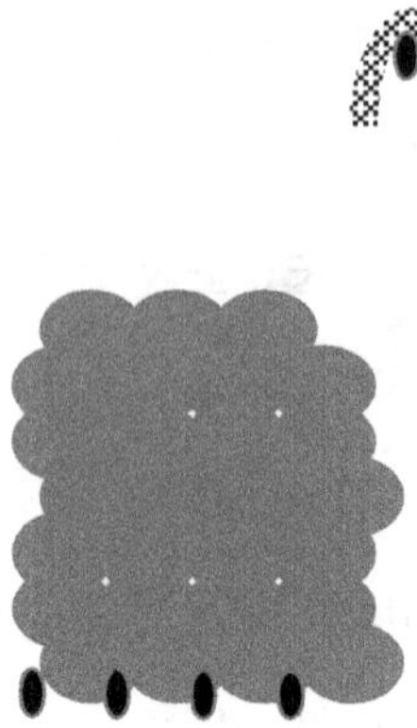

Abbildung 8: Eine Materialstruktur mit einer freigesetzten Isolierschicht mit "Elektronen"

Licht wird in Beziehung zu einer Entladung, Auslenkung oder einer Kreisbewegung gesetzt. Die „Entladung“ ist eine in eine Richtung „geordnete“ Bewegung, welche dadurch erkennbar wird. Es fließt entsprechend der strömenden Richtung und erzeugt einen reflektierenden Impuls. Es wird meistens durch eine Verschiebung erzeugt, die an einer Dichteänderung bzw. Materiestruktur seine Trägerstruktur ändert und dadurch erkennbar wird. Die beweglichen Elemente können dabei wesentlich kleiner sein als die bisher bekannte Größe. Die geordnete Bewegung kann sich auch in einer wiederkehrenden kreisähnlichen Bahn befinden und teilweise verdeckt sein. Die Verdeckung oder Umhüllung der beweglichen Elemente beiflusst den Austritt.

Fluoreszierdes Licht wirkt insgesamt blasser oder gelblicher. Die notwendigen chemischen Elemente zur Erzeugung von fluoreszierdem Licht treten mit Schwefelverbindung auf, die sich als Material zum Auslass eignen.

Beim Sonnenlicht kann diese Funktion vom Kohlenstoff übernommen werden. Es ist davon auszugehen, dass diese Materiegebilde sich stark rotierend fortbewegen. Auslenkungen und Ablösungen werden sichtbar und könnten indirekt dazu geführt haben, dass Photonen als masselose Erscheinung gedeutet wurden. Durch die Erweiterung bzgl. der Größenordnungen der einzelnen beteiligten Teilchen, ergibt sich eine unterschiedliche Verteilung im Bezug zu den Durchdringungseigenschaften eines Mediums. Die Auslenkung kann sich auch auf einen Teil der Materialstruktur beziehen. Vorstellbar ist dieser Effekt bei verschieden großen Kugelstrukturen, die aufreissen. Diesem Gedanken folgend, entsteht bei gleichen Materialstrukturen eine gleiche Aufreissgeschwindigkeit mit verschieden langen Laufzeitstrukturen bedingt durch die unterschiedlichen Radien. Die Folge ist eine identische Ausbreitungsgeschwindigkeit, abhängig von der Füllung des Raumes, mit optisch unterschiedlich wirksamen Wellenlängen (Farben).

Kombinieren sich diese mit anderen Materieelementen bzw. Festkörpern, besonders mit Wassermolekülen, im zu durchströmenden Kanal, ergeben sich farblich trennbare Strahlenzonen, da aufgrund der Strukturabstände verschiedene freie Weglängen für die impulsartig bewegte Materie in der jeweiligen Zone vorhanden sind. Besonders markant sind dabei die sich aus „Stabstrukturen" bildenden sechseckigen Formen und Ketten. Mehrere verdrehte Stabstrukturbündel lassen sich im freien Raum in einer Linie zu einer langen Kette ergänzen. Die Spreizung der einzelnen Stäbe zueinander ist dabei variabel. Man vergleiche dazu Farbstoffstrukturen bzw. die dadurch bedingte Farberscheinung. Gewisse kurze freie Weglängen im Bereich der dichteren Materieabstände erzeugen z.B. einen blauen Farbeindruck. Der Eintritts und Reflexionswinkel ist dadurch begrenzt bzw. in diesem Fall steil. Das Licht durch ein Prisma wird mehr gebrochen. Herkömmlich versteht man darunter eine Richtungsänderung des Teilchens. Ein Stauchung des Teilchens ist im weitesten Sinne auch eine Richtungsänderung der Randzone. Der optische Eindruck wird durch die Zunahme der Breite verändert. Dies geschieht auch wenn der Winkel des Betrachters sich ändert. Rot entspricht z.B. gewöhnlich einem flachen Betrachtungswinkel. Gleichzeitig ist die Temperatur höher. Die Temperaturverteilung entspricht nicht zwangsläufig der Geschwindigkeitsverteilung. Diese ist abhängig von den

Grenzschicht bedingten Aufprallzonen. Grenzschichten bilden sich nicht nur durch verschieden geschichtete Materieebenen, sondern auch durch eine weitere Verknüpfung gegenüber den umgebenden Materieelementen oder Anordnung der selben Materie. Man vergleiche dazu die Oberflächenspannung von Wasser. Es ergibt sich mehr Energie/ Bewegung. In der Folge ergibt auch weiter am Austrittsbereich des abschliessenden Strömungsdurchganges oder Austrittsgraters, durch die längere freie Weglänge der Grenzschicht die Leuchterscheinungen oder Materieströme in rötlicher Färbung. Vorstellbar als im Vergleich zu den Blau erzeugenden längere, mehr bänderartig gezogene, Materieelemente.

Neben der Betrachtung zu den Materieverhältnissen, den Änderungen der Abstände am Wirkungsort, ist das Verhalten der Lichtquelle (der Träger) massgeblich.

Das erwähnte Aufreissen führt zu einer Verkleinerung der Struktur. Vergleichbare Grössenordnungen der Materie werden dadurch stark beschleunigt. Man vgl. dazu die relativ hohen Gasbewegungsgeschwindigkeiten, die sich daraus ergebenen Stossprozesse und im Falle des Eintritts in einen leeren Raum die fehlenden Refektionsmöglichkeiten bzw. Stosspartner. Größere „Wellenlängen" basieren auch auf größeren Strukturen. Eine Zerkleinerung führt somit zu kleineren Wellenlängen. Die Turbulente Strömung entsteht nicht nur nach Hindernissen sondern auch vor diesen durch Stauung, wenn der Ausbreitungsweg durch eine „Engstelle", wie z.B. eine aufnehmende Elektrode führt oder an Grenzschichten durch Störungen in Querrichtung.

Ein anderer Auslöser zur Aufgabe der masselosen Betrachtung war die hier stark bezweifelte Annahme, dass schwarze Löcher eine unendliche Anziehungskraft besitzen. Damit konnte schlussfolgernd nur masselose Materie diesen entkommen. Das Photon musste aus der logischen Kette ohne Masse sein und als Basis für thermische Strahlung dienen. Durch die Postulierung der Hawking Strahlung liessen sich diese Theorien nur dadurch verbinden. Aufgrund der hier getroffenen Annahme, dass jede Änderung bzw. Verschiebung mit einem Teilchen verbunden ist, läßt sich die Strahlung als einfacher Materiestrom auslegen. Die ist unabhängig von der Quelle als abstrahlendes Schwarzes Loch oder einer anderen Strahlungsquelle.

Die Steigerung ist eine abrupte Änderung in der Ausbreitungsrichtung , wie z.B. durch eine starke Oxidation, ein Temperaturanstieg, die die Trägerstruktur selbst erhält (Plasmastrom). Dadurch verliert die Trägerstruktur, die Photonen, kleinere Teilchen bzw. rotierende Elektronen ihre stabile Bahnposition oder Lage in der Materiestruktur und fallen in unkontrollierte Bewegung. Gleichzeitig wird der Kern bzw. das Proton dadurch in der Gegenreaktion beeinflusst. Die Bewegung ist messbar in Form der Temperaturerhöhung. Es ist davon auszugehen, dass beim Eintreffen von mehreren Materieelementen es zu Kollisionen, Drehungen, Bruchstücken und Reflektionen kommt. Auch diese Bewegung führt zu einer Temperaturerhöhung mit dem entsprechenden für das menschliche Auge sichtbaren Leuchten. Die "Länge", besser die Varianz des Trägers der "Entladung", steht im Einklang mit der produzierten Wellenlänge. Das Herausbrechen von einzelnen Teilen, vorstellbar als Fensteröffnungen, beeinflusst das Streuungsverhalten, genauso wie eine von der Materie abgebrochene Spitze. Der Winkel und die Anzahl der Photonen beim Auftreffen auf der weiterleitenden Struktur ist maßgeblich für die sichtbare Helligkeit. Ordnet die weiterleitende Struktur, im Sinne von führenden, zuvor erwähnten „Längen", ergibt sich der optische geschlossenere Licht-Wellenlängenanteil. Ordnen kann in der Form von strukturierten Kanten vor sich gehen oder aber in Materie Schichtungen. Aufgrund von Hitzeeinwirkungen ist es denkbar, dass diese Kanten sich vergrößern. Vorstellbar als ein Zusammenschmelzen von Siliziumverbindungen. Kombinationen von verschiedenen Materiearten oder Farben ergeben bekanntlich andere Farbeindrücke. Harte rotierende Reflektionen erzeugen helle sichtbare Bereiche. Passende Stücke „verschwinden“ in diesen Öffnungen bzw. Schlitzen, verlieren damit ihre Sichtbarkeit, andere werden reflektiert und erzeugen den sichtbaren Anteil. Es ist davon auszugehen, dass eine gewisse Elastizität vorliegt. Jede umgebende Materie, der Druck bzw. die mittlere freie Weglänge und damit die Ausdehnungsmöglichkeiten beeinflussen die Farbempfindung im menschlichen Auge. Eine Ordnung die sich aufgrund der Materiespezifika eingestellt hat, bedarf einer gewissen Zeitdauer um vom

Auge erkannt zu werden. Ein einzelnes Materieelement würde in dieser Größenordnung dazu nicht ausreichen. Es lassen sich mit bloßem Auge auch keine Varianten der Einzelabstände in Kristallgitterstrukturen erkennen, um diese einzelnen Farben zuzuordnen. Die Überdeckung in definierten Verhältnissen zur Erzeugung von Mischfarben ist bekannt. Eine weitere Oberfläche mit gewissen Winkeleigenschaften, oder weitere Feinstrukturen und die immanenten „Federeigenschaften" können eine solche geordnete Überdeckung erzeugen. Ein stärkerer Kontrast kann mit einer besseren Durchdringung in Verbindung gebracht werden. In mit Wasser gefüllten Räumen entsteht eine Durchdringung durch ein Aufschwimmen. Orientiert man sich an Schwimmkörpern besitzen diese einen Hohlraum. Strukturen und Winkel erzeugen Farben. Es ist möglich, dass die Struktur die notwenig ist, sich erst durch einen Aufprall bildet. Dieser Effekt zeigt sich durch die Kohlenstoffbildung (Russ) und die dadurch entstehende Filterwirkung für den optischen Eindruck. Kohlenstoff sollte im „Subdetail" eine sehr wasserarme Verbindungsform darstellen. Als Beispiel dient eine blaue Gasflamme die in der darüberliegende vorhandenen Aufprallzone rot erscheint. Die Verdichtung der Verbrennungsreste formieren sich zu Russ. Dieser ist für uns schwarz. In der Überdeckung mit blau erscheint rot.

Diese extreme Beispiel zur Überlagerung sollte nicht in jeden Fall angenommen werden. Es genügt bereits eine Teilchenverdichtung, Überlagerung und eine Änderung der Wasserstoffverteilung zur Erzeugung eines differenzierten Farbeindruckes.

Die Rezeptoren im Auge müssen geöffnet und offen gehalten werden, vorstellbar mit einem gehobenen Vorhang. Die Abstimmung auf die zuvor gefilterten Wellenlängen erzeugen den jeweiligen optischen Eindruck. Zyklen der Rotation einer gewellten Scheibe erzeugen die notwendige Zeitdauer und Verstärkung für den optischen Eindruck. Parallele, geordnete Bewegungen verstärken den optischen Eindruck.

Denkbar ist eine solche „Gleichschaltung" im Strömungsfeld oder auf einem gemeinsamen entstandenen Träger.

Im größeren Massstab entstehen Leuchterscheinungen auf interplanetaren Scheiben mit entsprechenden entstandenen Einzelwirbeln auf der Oberfläche. Die äußeren Einflüsse, wie z.B. Kollision, die durch eine Verschiebung erzeugt wird, lösen beim Überschreiten eines gewissen Grenzwertes Entladung aus.

Diese Entladung führt zu sogenannten Lawinen-Entladung, in der Gegenreaktion, zu einem Ausschlag der Struktur oder der Verbindung des rotierenden Elementes führt.

Jedes Materieelement in diesem Model hat eine Masse, auch wenn diese sich durch einen transienten Vorgang geteilt hat. Die Perspektive eines Austauschteilchens passt in diese Sichtweise nur als zeitlich versetzter Vorgang. Eine Verschiebung von Teilchen oder Elektronen, wie oben erwähnt, führt zu einer gerichteten (Lawinen-Entladung) oder ungeordneten Elektronenbewegung (Turbulenz) die als Licht (Photonen) messbar oder sichtbar werden. Es ist eine für uns registrierbare Verschiebung. Diese Verschiebung ist abhängig von dem Impuls, der Drehgeschwindigkeit, Größe oder Struktur der Teilchen. Einzelne Elektronen können sich nach einer Ionisierung bzw. Ablösung frei durch den Raum bzw. Materie bewegen und an anderer Stelle weitere Elektronen oder Elektronenlawinen auslösen. Der Atomkern, falls vorhanden, wird dadurch gewöhnlich in seiner Stabilität reduziert, vergleichbar einem Doppelpendel mit einer veränderten Auslenkung. Das Innere der Materieansammlung muß nicht unbedingt gefüllt sein. Möglich ist auch der umgekehrte Effekt. Ein Materieelement, z.B. ein Elektron oder ein Photon, füllt eine Lücke zwischen impulsweiterleitenden Elektronen und es entsteht eine Entladung oder ein ausgeglichener Schwingungszustand (siehe auch Abb. 9).

Als Träger für Elektronen kommen auch einzelne isolierende Schichten mit gleichmäßig oder ungleichmäßig verteilten rotierenden (vergleiche „geladenen“) Teilchen in Betracht. Impulse können eine solche Schicht aufheben und ablösen (vgl. Abbildung 8). Dadurch kann eine Furchenstruktur entstehen die stark haftend wirkt. Die schwach verbundenen "Elektronen" /Partikel (oder ab einer bestimmen Energiezuführung) strömen in einem Raum oder auf eine gekrümmte Fläche ähnlich einer "Lawine". Sternförmige Elektronen im hier definierten Sinne bieten die Möglichkeit eines haftenden Effektes zwischen den Furchenstrukturen. Das Strömen dieser Lawine oder das Bersten dieser dort befindlichen

Kreisel wird durch einen Impulsprozess oder indirekt durch eine mechanische Konvergenz verursacht. Die drehenden "Kreisel" sind in ihrer Bewegung stark gestört und verlieren möglicherweise Teilmaterie, wie z.B. eine lamellenartige Innenstruktur. Die empfundene Helligkeit ordnet der Author, neben der Abstands -Geometrie, der Anzahl der eintreffenden Einzelträger zu und nicht einer verschiedenen Rotationsfrequenz. Lediglich das Schwingen (Präzession) würde dem Beobachter ein intensiveres Signal vermitteln.

Eine Verschiebung in einer größeren/höheren/dickeren/dichteren geordneten Struktur mit Kreisel weist durch die Reflektionen eine höhere

Bewegungsrate auf und wird gleichzeitig durch die Stoßprozesse mehr gedämpft werden. Die vorhandene Struktur bildet die Basis für spezifische Laufzeiten, Durchdringungen und sich ergebende Schwingungen, falls eine Verschiebung wiederkehrend auftritt. Im Gesamten, als Schwingung, ergibt sich ein zusammenhängender optischer Eindruck. Es ergibt sich eine für uns optische Verknüpfung des Lichteffektes, eine Streckung einer Materie, Schlitze, und das Durchdringen wie zuvor erläutert d.h. eine Veränderung der Dichte, und damit längerwelliges Licht wie z.B. der Farbe Rot mit Eisen. Die beschriebene optische Verknüpfung kann sich aus einer Implosion eines Kristalls, z.B. Natrium Chlorid, ergeben. Entsteht, möglicherweise durch Hitze, ein Riss im Kristall kommt es zu einer zum Kristallkern gerichteten Bewegung. Die vorstellbare sichtbare Reaktion der plötzlichen Veränderung des Siedepunktes, aufgrund der Druckänderung und des anschliessenden Verdampfen bewegt sich angenommen vom Beobachter weg (vgl. Doppler). Gleichzeitig gestattet unter dieser Annahme die optische Linie einen theoretisch möglichen direkten Einblick in das Kristallinnere als auch die Beobachtung des Lichtaustrittes durch die seitlichen Kristallflächen. Der seitliche Austritt ist aufgrund der vorherrschenden Dichte teilweise verlangsamt. Öffnungen nach hinten mögen durch eine verlängerte

Struktur einen weiter Austritt ermöglichen. Die beiden Eindrücke addieren sich zu einem verlängerten optischen Effekt. Betrachtet man die Reflektionseigenschaften, wird ein vorhandenes Signal an der Front eines bewegten Körpers direkt und möglichst vollständig reflektiert und an der Seite weniger. Sich bildende seitliche Druckausgleichströmungen bilden eine weitere Reflektionsmöglichkeit. Somit entstehen mehrfach sich überlagernde Reflektionen die im Vergleich zur Front als Wellenlängenverlängerung wahrgenommen werden. Eine Geschwindigkeitsmessung bzw. Entfernungsmessung ist somit vom Profil des betrachteten bewegten Objektes abhängig.

Das Eindringen von Photonen, Fulleren, erzeugen durch deren Einfall bzw. das Bremsen in einer Wasserstoffhaltigen Eintrittsumgebung, eine Veränderung der Zusammensetzung bzw. Verkettung oder eine Zerlegung. Mit deren größeren Freiheitsgraden der Kreisel in der Eintritts- oder Gasstruktur, einer größeren mittleren Weglänge der Stoßpartner, ergibt sich eine größere evtl. ungeordnetere oder einen größeren Ausschlag der Bewegung des Kreisels, besonders im peripheren Bereich zur Grenzschicht. Beim Lichteintritt ergibt sich in Ausbreitungsrichtung- in Richtung Austrittsgrenzfläche, ein aufgeweiteter Impulsausbreitungspfad mit entsprechendem aufgeweitetem Füllbereich. Mit anderen Worten , „dünnere“ Materialbereich bezogen auf ein Prisma, entspricht einem höheren Füllbereich bzw. einem Bereich höheren Druckes. Im Gesamten entsteht während der Bestrahlung eine Schichtung. Ähnlich einem „Aufschichten“ ergeben sich längere und kürze Wege bzw. Abstände zwischen den Elementen.

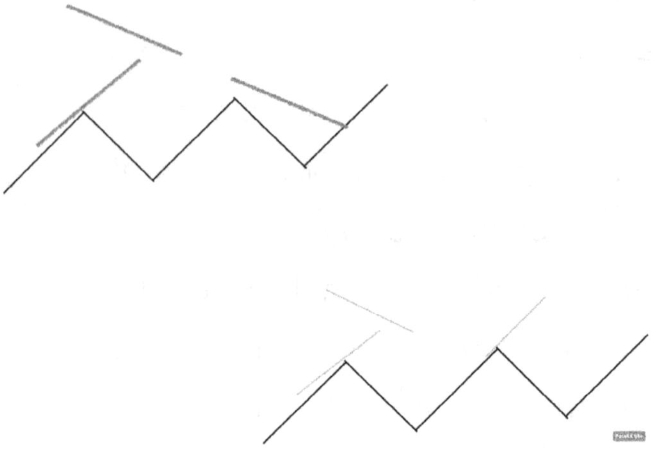

Abbildung 8': Ein Beispiel zum Unterschied im Brechungswinkel des Lichtes, aufgrund der Variants der einfallenden Wellenlänge bei gleicher Gitterstruktur.

Die zuvor erwähnten Elemente (Träger) verändern den Ausbreitungsweg bzw. die Struktur. Im unteren Bereich ergibt sich blau. Dies entsteht unter Anwesenheit von Sauerstoff/Wasserstoff. Betrachtet wird eine Rotation mit kleinerem Rotationsradius. Im mittleren Bereich hält sich der größte Anteil auf Basis der Sonnenverhältnisse (die gelb/ schwarze Mischung ergibt die grüne Erscheinung aufgrund von Natriumchlorid und Kohlenstoff/Silizium Verbindungen).

Eine Farberscheinung aufgrund der statischen Materialstruktur, wie man es von Farbstoffen kennt, wäre nach und vor dem Lichteintritt identisch. Durch die Lichtträger mitgebrachte Strukturelemente wären nach dem Lichteinfall weiterhin vorhanden. Somit erscheint die dynamische Änderung der Abstände durch den

Eintritt der Lichtträger am realistischsten.

Ein Bereich der höheren Luftdichte am Regenbogen, ergibt sich normalerweise in unteren Schichten, solange nicht inverse Luftverhältnisse vorliegen. Der obere Bereich der Atmosphäre bewegt sich vergleichsweise für ein Flugobjekt am Atmosphärenrand, im Sinne einer translatorischen- bzw. Rotations -Geschwindigkeitsbetrachtung schneller. Umgekehrt betrachtet, lässt sich der Bogen mit einer Kurve auf einer Rennbahn vergleichen. Der äußere Teil der Bahn ist flacher als der innere Teil. Für den Betrachter wird damit auch der Beobachtungswinkel flacher (rot). Kettenförmige Verknüpfungen werden im Grenzbereich begünstigt. Erkennbar ist dies an der Wärmebindung in Wolken. Die Umgebungs- und Bewegungsdruckverhältnisse wirken sich auf die Dichte der vorhanden Wassertröpfchen aus. Zu beachten ist dabei die zuvor beschriebene Feinstruktur der Materie im Zusammenhang mit Hebeleffekten. Messbar ist eine Luftdichtenverteilung in der Atmosphäre in verschiedenen Schichten. Gewöhnlich ändert sich die Grösse der Wasseransammlungen auf dem Weg von der Wolke zum Boden. An Trennschichten können Spiegelungen entstehen. Man vergleiche zur Trennung der Luftschichten auch die sichtbaren Verhältnisse, z.B. im niedrigeren Bereich der Luftdichte, am

Kerzendocht oder beim Dopplereffekt rückseitig. Das verbrennende Kerzenwachs beinhaltet Wasser und Kohlenstoff. Wahrscheinlich ist eine strukturierte Aufteilung zwischen dem Wasserstoff und Kohlenstoff, wodurch sich auch in diesem Fall die absorbierende und reflektierende Bereichsaufteilung ergibt. Ähnlich wie bei der Schneekristallbildung kann es zu einer Schicht von verfügbaren Kondensationskernen kommen. Bedenkt man verschiedene Größenordnungen von Wasserstoffelementen sollte sich eine strukturierte Verteilung ergeben. Polarisiertes Wasser müßte maximal absorbierend wirken. Nach dem Verdunsten des Wasseranteiles bleibt ein optisches Verschmelzen und

„Nachglühen „der Kohlenstoffelemente im äusseren Bereich.

Bei der optischen Betrachtung eines bewegten Objektes, vgl. auch ein sehr schnelles Flugobjekt, sollten trotz der bekannten Darstellung im Detail Zonen mit unterschiedlichen Dichteverteilungen erkennbar sein z.B. in der Mitte vorne ein blauer Bereich in der Aufprallzone bzw. Zone zur Strömungsrichtungsaufteilung. Es können sich dadurch „Zwischenelemente" wie Kohlenstoffverbindungen bilden, die als Farbfilter wirken. Der Dopplereffekt benötigt eine strukturelle Erweiterung. Materie kann über die bisher mögliche Betrachtung hinaus, in der Gitterstruktur durchaus über zusammengesetzte Materieelemente mit einer ungleichen Gitterstruktur verfügen. Denkbar ist eine eine äussere (Ur-) Wasserstoffschicht und eine innere (Ur-) Eisen Gitterstrukturschicht. Die sich bewegende Grenzfläche erzeugt an ihrer Oberfläche eine Druckerhoehung, die die Wassermoleküle bzw. Wasserstoffgitterstrukturelemente und damit die Wellenlänge bildet oder Teile löst und damit das Leuchten in den Blaubereich verschiebt. Auftreffendes Licht bildet durch einem dem Verdampfen ähnlichen Effekt, Bereiche mit geringerer Transparenz, erhöhter Reflektion und erhöhter Streuung. Reibungseffekte und temperaturbedingte Implosionen und der Auftrieb erzeugen verschiedene Dichteverhältnisse.

Die Geschwindigkeiten zur Übertragung in den optischen Linien variiert. Gleichzeitig absorbieren die sich bewegenden, sich stauenden, aufrichtenden, flatternden Moleküle andere Wellenlängen. Die Randzone wird gestreckt. Die betrachtete Materie besitzt ihre längste Ausbreitung. Möglicherweise entstehen durch die „Verwirbelung“ bzw. die Drehung des Wasserstoffes, in der Nähe einer Wärmequelle bzw. der Lichtströmung, in Kombination mit Kohlenstoff, vorgespannte sich ausdehnende (Länge, Höhenprofil) Materiestrukturen die zu Überlagerungen und dadurch zum entsprechenden optischen, Eindruck führen. Wasser bzw. Wasserstoff erzeugt aufgrund der „Bandstruktur“ durchlässige Spalten mit den bekannten überlagernden Effekten. Der Abstand der parallelen Bänderpakete zueinander ist variabel und neben der Druckabhängigkeit auch von der Temperatur abhängig. Diese dynamischen Strukturen können mit "Tunnel" verglichen werden. Ein sich ausbreitender Impuls durch den dynamischen "Tunnel" erhält mehr Reflektionen an den "Wänden", wenn die tunnelbildende Materie nicht in einer Linie bzw. linearisiert sind. Dynamischen wirken beim Materiedurchtritt die synchronen oder asynchronen Bewegung mehrerer Kreisel im Strahlungsdurchgang. Bei versetzten benachbarten Anregungszeiten der Strahlungsdurchgänge, ist es möglich, dass Elemente, wie in Abbildung 8' dargestellt, zusätzlich zur Ausbreitungsrichtung, wechselweise ihre Drehrichtung ändern. Direkte Lichteinfälle treffen auf Reflektions- und Absorptionsflächen. Wellenlängen können sich überlagern. Die Farbstehung im sichtbaren Bereich der menschlichen Sinneszellen bedarf des Wasserstoffes.

Die starke „Verwirbelung" des Wasserstoffes führt zu ungeordneten Reflektionen, der Luft/Sauerstoffaufnahme und damit zum optisch für uns sichtbaren hellen bzw. weißeren Eindruck. Der hellere Eindruck beim Lichteinfall entsteht aufgrund der Turbulenz. Die Helligkeit wird übertroffen durch die geordnete Reflektionen auf der glatten Wasseroberfläche.

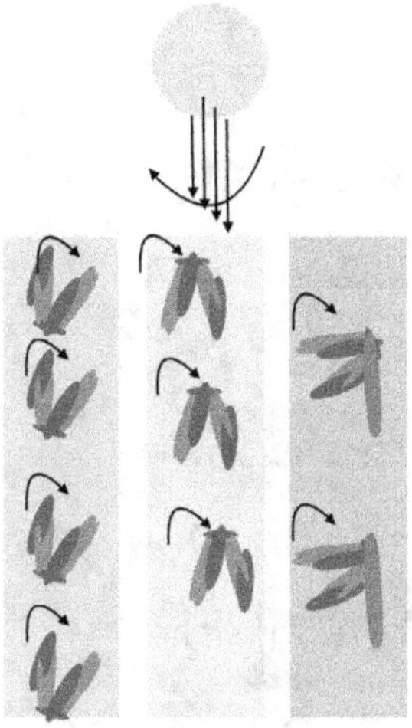

Abildung 8'': Die Entstehung von Farbbändern bei Lichteinfall, durch die im jeweiligen Band gleichförmige Ausrichtung, Strukturelemente, Absorptionsstrukturen bzw. jeweilige spezifische Struktur von angedeuteten Wassermolekülen (als Beispiel von Links nach rechts- blau, grün, rot) ohne die Darstellung der Geschwindigkeitsverteilung

Eine Verschiebung der Phase zwischen mehreren z.B. hintereinander ausgerichteten Rotationselementen führt zu veränderten „Spalt-oder Lochgrößen“. Die Addition von verschiedenen monochromatischen Lichtanteilen, der Materiestruktur und der Auftreffwinkel erhöht die Streuung und die Relativbewegung. In der Mischung ergibt sich wieder der weisse Farbeindruck. Dadurch ist die vorherige Farbe bzw. Erscheinung des beleuchteten Objektes unerheblich. Das Objekt erscheint weiss bzw. hell.

Relativ betrachtet sinkt der Widerstand für monochromatische Anteile, wenn die betroffenen Elemente geordnet ausgerichtet sind und die durchdringenden Teilchen entsprechend größenangepasst sind. Der Temperatureffekt verringert sich. Eine bzw. eine Strömung in verschiedenen Schichten stabilisiert sich. Einzelne geordnete Elemente können ohne sich relativ in Strömungsrichtung fortzubewegen auf einer Position gemäß einer Rotationsachse rotieren.

Die "Streuungslinearisierung, als ein grundlegendes Prinzip, ist auch auf die Kombination von Wasserstoff und Sauerstoff anwendbar. Wasserstoff in erster Näherung vorstellbar als Röhre (teils abgeflacht, teils gebogen, verdreht, spitzkuglig, spitzzylindrig, teils gefüllt), die auf das Sauerstoff-Element richtungsabhängig eingebracht, mit dem verbunden oder aufgestülpt sind. Die Säureeigenschaft des Sauerstoffes lässt sich durchaus als Spitze vorstellen. Die Spitze oder Kante kann zu rotierender Materie gehören. Der Kontakt damit führt dadurch zu einer Art Verbrennung. Diese Spitze stellt im Sinne der „Lichtverschiebungsbetrachtung“ einen schmalen komprimierten, möglicherweise hornähnlichen, Bereich dar, dessen Erscheinungsbild für uns in der Farbe Blau wirkt. Unter der Vorstellung eines zusätzlichen winzigen Wasserstoffgaseinschlusses, lässt sich, neben dem Folgenden, die starke Feuerbeförderung, erklären. Das andere Ende scheint aus kleinsten ungeordneten und geballtenFäden zu bestehen. Diese besitzen eine gewisse Vorspannung. Dieser Komplex insgesamt bildet unter bestimmten Bedingungen verschränkte oder verhakte Formationen mit anderen Molekülen. Die Aufstülpung ermöglicht eine Rotation zwischen den beiden Elementen und die Zuordnung des Begriffes Proton, nach der zuvor getroffenen Definition wird relativ. Eine Ableitung der Form ist analog herleitbar aus dem Aufbau bzw. der wirkenden Kräfte des Milchstrassenkerns und den Fusionsvorgängen. Es sind mehrere bildliche Annäherungen an die Materieverteilung bekannt. Letztendlich wird eine Beobachtung aus der relativen Nähe das Bild wesentlich verbessern. Beobachtet wurden eine Kreisstruktur, mit erkennbarem inneren Strukturen, begrenzt von helixförmigen Stabstrukturen. Diese werden durch weitere kreisförmige Ringe ergänzt und bandartige Strukturen ergänzen sich in der Randzone. Die grossen inneren Strukturen erscheinen kugelartig und die andere mehr länglich. Mehrere versetzt parallele Materieauslässe erscheinen aufgrund der beobachtbaren Abbildungen realistisch. Die Materieauslässe können durch zwei kleinere schwarze Löcher gebildet werden, die einen zentrierten Ausstoß erzeugen. Bisher geht man nur von einem schwarzen Loch aus. Dabei ist die Trennung von wasserstoffhaltigen Verbindungen und Kohlenstoff denkbar. Mehr dazu im späteren

Kapitel. Die wirkenden Kräfte des Kern erzeugen merkbare Effekte und Materieverteilungen.

Abbildung 8''': Schematisierte Streuungslinearisierung von Wasserstoffelementen oder höheren Verbindungen aufgrund der unterschiedlichen Materieverteilung und der wirkenden Kräfte. Die Einfachste Verknüpfungen entsteht durch Stapeln in einer Röhrenstruktur an einer Barriere und Querverbindungen.

Besonders rotierende Bewegungen fördern eine Verknüpfung/Verhakung der Materieelemente, die oft entgegengesetzt ausgerichtet sind (siehe gebogene Molekülfortsätze an Wasserstrukturen). Teilweise bilden sich durch diese Verknüpfung sehr lange Aneinanderreihungen. Materialstrukturen aus Kontaktpunkten aus entgegengesetzter Rotationsrichtung zeigen dabei besonders stabile Materieeigenschaften (siehe Gold). Verdrehte Schichtungen, wie sie z.B. als Randwirbel beim Rotieren einer kelchförmigen Materieansammlung entstehen bleiben empfindlich gegenüber einer späteren Aufweitung (siehe Eisen). In einer stützenden Struktur bzw. einer Barriere können, neben Atomen sich die einzelnen Moleküle aufgrund des unterschiedlichen Druckausgleiches einfach stapeln. Öffnungen, Fortsätze oder Abgänge führen bei verknüpften Molekülen zu einem Nachziehen der gebildeten Molekülkette. Somit ist es möglich entgegen der Ausrichtung zum Erdkern Schlitze oder Röhren mit Wasser auszufüllen. Jede Art von Energiezuführung erzeugt eine Wärmebewegung die den aufsteigenden Effekt befördert. Die Impulse können dabei auch auf der Aussenwand auftreffen und die Bewegung nach Innen weitergeben oder sogar ähnliche Materieelemente im Innenbereich auslösen. Dies stellt eine Deutung des Tunneleffektes dar.

Wasser in einem Gefäß weist am Rand eine Erhöhung auf. Der Rand bildet eine Barriere für das sich normalerweise ausbreitende Wasser. Gleichzeitig kommt es auf dem Untergrund und am Rand zu Reflektionen. Streifenähnliche Wasserelemente rotieren im Innenbereich durch die Erdrotation. Die Flüssigkeit konzentriert sich (Druckerhöhung) an der Randzone und erhöht sich durch die fehlende Ausbreitungsmöglichkeit und Hebeleffekte über den Rand hinaus. Endet die Materiebarriere, können gestapelte Elemente kippen und so die Richtung für weitere Anlagerungen vorgeben. Der gleiche Effekt wie im Wasser entsteht, für uns ohne Hilfsmittel nicht sichtbar, in der Luft. Die ungeordnete Gasbewegung geht an gewissen Stellen in eine Kreisbewegung, bzw. den vom Wasser bekannten Strudel über, die dadurch die Durchlässigkeit dieser Innenzone erhöht. Es reduziert sich die nach Innen zum Kreismittelpunkt gerichtet Ausbreitungskomponente der Gasteilchen bzw. wird der Innenbereich gegen Einflüsse von Aussen geschützt. Aus diesem Grund bei jedem versprühen von Wasser kugelige Wassertropfen.

Aus diesen „Stapelhöhen", Verknüpfungen, wirkenden Kräften (unterschiedliche Molekülgröße) und Größenverhältnissen der Aufstiegsröhre ergeben sich in der Vegetation Muster für Fasermaterial und Blattverzweigungen. Die Kombination aus einem Röhrenauslass und einer spiralförmigen Verlängerung erzeugt die bekannten Blütenformen, wie z.B. der Rose. Winkel der Verzweigungen entstehen durch die wirkenden Kräfte. Die biologische Betrachtung dieser Kräfte ist ein eigenes Kapitel. Die Entstehung der Artenvielfalt ist eng mit den Materiekraftwirkungsprozessen verbunden. Eine Änderung der Strahlungsquelle erzeugt im Laufe der Evolution andere Formen wie ein wirkender Kreisstrudel, man vergleiche z.B. dazu eine Distel oder eine Seerose.

Die Evolutionstheorie wird ergänzt werden. Die zeitliche Abfolge der Entstehung und Bewegung der Galaxie und seiner Umgebung bzw. die des Sonnensystems wirkte sich auf die Entstehung des Lebens auf der Erde aus.

Gleichzeitig basiert der heute wirkende Lebenszyklus auch auf den lokal wirkenden Kräften, wie z.B. die Symbiose der pflanzlichen Zellen und einzelliger Pilze, die erzeugte Erwärmung, zum Wachstum des Samenkorns, des Keimlings und letztendlich zum Blattabwurf etc. führt. Die Kreisbewegung des Gesamtsystems (Erde, Milchstrasse) führt zum radialen Ausgleich. Man vergleiche dazu einen Nadelbaum. Einmal abgesehen von der gespeicherten Erbinformation, den biochemischen Erwärmungsvorgängen, erzeugt der Schwingungsvorgang des Gesamtsystems, in Kombination mit der eintreffenden Strahlung, die symmetrischen Aststrukturen. Spiralförmig verdrehte Holzfasern weiten sich in periodischen Abständen auf und eröffnen damit eine Möglichkeit zu einem seitlichen Auswuchs. Prinzip ist der Aufbau eines Tannenbaumes mit dem Aufbau eines Schneekristalles vergleichbar. Selbst Fische, mit ihrer Grätenstruktur, lassen sich in der geordneten Menge, vergleichbar als Lammelen bzw. säulenartige Kreiswirbelstruktur, abbilden. Die Betrachtung der Lücken in der zentralen Milchstrassenstruktur und der innere Aufbau der Erde passt zur Entstehung des menschlichen Organismus. Dieser wird bei dieser Betrachtungsweise aus zwei

Hälften zusammengesetzt. Die Beine und Arme entsprächen dem oberen und unteren Rotationskörperanteil, der sich entsprechend weiter entferntvon der gedachten Zentrallinie befindet. Das dritte 90 Grad gedrehte Rotationsobjekt erzeugt die Beinlücke und den Kopfauslauf. Der detaillierte Wirbelsäulenaufbau oder die typische Insektenstruktur lässt sich aus der das Magnetfeld erzeugenden Erdkernstruktur ableiten. Diese besteht nicht, wie früher angenommen, aus einer symmetrischen inneren Eisenkugel, sondern zeichnet sich mittels Durchgangsstrukturen aus.

Eine weiterer grundlegender Baustein, neben der Materieformation durch einen Materialspalt, ist die Reflektion. Ein großer Teil der biologischen Systeme ist durch Teilung, Rotation oder Reflektionen, und der sich daraus ergebenden Materieansammlung, durch die jeweilige entgegengesetzte Ausbreitungsrichtung, symmetrisch. Abgesehen von einer natürlichen Selektion von weniger Redundant ausgeführten Lebewesen, scheint neben der Reflektion, auch ein röhrenartiger Doppelmaterieaustritt im Zentrum der Milchstrasse für die Entstehung von symmetrischen biologischen Strukturen verantwortlich zu sein. Die Materieformation findet ihre Abbildung z.B. im Hals bzw. der angesetzten Nervenbahnen an der Wirbelsäule. Stellt man sich nun den Kopf stark nach hinten geneigt vor, bildet das Gesicht mit den Augen, der Nase und dem Mund wieder die bekannte Schleifenform. Die der Wirbelsäule zugeneigte Schleife, besteht höher aufgelöst, mehr aus zwei einzelnen Wirbeln. Man vergleiche dazu den oberen Teil der Abbildung 8''''a.

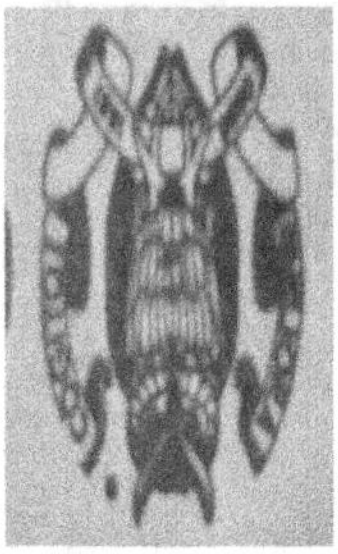

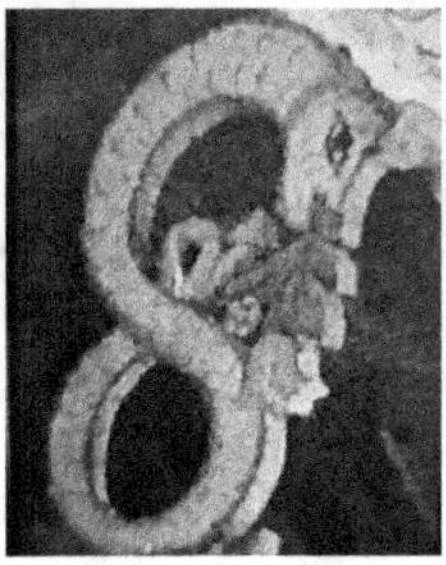

Abbildung 8''''a, b:
Zwei verschiedene historische Schleifendarstellungen. Die Darstellung 8''''a lässt sich in Beziehung zur schwarzen Loch Darstellung mit ihrem Ereignishorizont und der Über- bzw. Unterströmung bringen.

Die Beobachtbar sind dynamische Materieansammlungen, z.B. bei der Zellteilung, einzelner Wandschichten, die denen der Plantenentstehung ähneln.

Wabenstrukturen und die entstehenden Insekten sind von einanderbhängig. Die Flügelansätze und Beinansätze füllen die Innenkanten des. Sechsecks. Die entstehenden Abstände sind entsprechend der Materieeigenschaften und Transportmöglichkeiten der elementaren Bausteine aus Wasserstoffelementen, Kohlenstoffstrukturen und Sauerstoff abhängig. Skelettstrukturen (Rippen) und Insektenbeine befinden sich innerhalb einer Abgrenzung oder sind nach Außen gedreht. Das Facettenauge eines Insektes korreliert gleichfalls zu diesen Strukturen mit dem Gehirn im menschlichen Schädel.

Chromosome ordnen sich zeitweise im Zellkern wirbelartig an oder werden möglicherweise durch eine Kreisströmung getrennt. Im großen Massstab existieren die Wirbel auch im Meer. Sie führen zur Trennung von Biomasse und salzhaltigem Wasser. Selbst die Entstehung der Bodenschätze in der Antarktis sind auf diese Weise aus der Frühzeit der Erde ableitbar. Bei einer wirkenden „Massenanziehung“ wäre dieser Vorgang der Teilung nicht möglich. Eine vollkommene Symmetrie, dieser biologischen Körper, entsteht kaum bei größeren Kombinationen durch den umgebenden Strömungsfeldeinfluss und verhältnismäßige charakteristische Abstände. Die Embryo Form erinnert zwar an die Massenverhältnisse im Zentrum. Wird die Entstehung bzw. die Form der Gelenke, z.B. beim Menschen, betrachtet, könnte eine Ableitung von umliegende Sternenansammlungen zur Erde, bekannt als Sternbilder, gelingen. Der große Wagen und angesiedelte Sterne können auf die einzelne Fingergelenke und Handgelenk Ansätze projiziert werden. Diese Wiederrum mögen aufgrund geteilter Blöcke des Milchstrassenzentrums in diese Position gekommen sein. Dies ist eine mögliche Erklärung in der Evolution für das Entstehen einer

Verdickung bzw. durch Wirbel in einer systematischen, massstabsgetreuen bzw. massstabsähnlichen, heute noch erkennbaren Abfolge. Wahrscheinlicher ist, neben der Anpassung an direkte Umgebung und notwendige Verteilungen von wirkenden Kräften bei der Erhaltung der Art, der direkte Einfluss der Erd-Magnetfeldverteilung.

Treffen zwei Materie Elemente aufeinander, wird der aufgebrachte Impuls an den anderen Stosspartner gemäß seiner inneren Beschaffenheit weitergegeben. Der Abstand zwischen den beiden vergrößert sich wieder entsprechend. Sind jedoch mehrere Materieelemente von dem Stoß betroffen, teilt sich der ursprüngliche Impuls auf die beteiligten Stosspartner auf und der Abstand nach dem Ereignis ist im Vergleich zur Situation vorher, geringer. Eine Reflektion der beteiligten Stosspartner führt, besonders bei absorbierenden bzw. sich verformenden Strukturen, zusätzlich zu einer Abstandsverringerung der beteiligten Materieelemente. Entgegengesetzte Strömungen führen teilweise zu zusätzlichen lokalen Rotationen und verbinden in Kombination mit anderen Effekten die Materie zu dichteren Ansammlungen.

Nach den Überlegungen zum Licht, dem Einfluss des Wassers, der Seitenbetrachtung zu biologischen Strukturen, dem Zusammenhang zur

Massebündelung kommen wir erneut zum Licht.

Andere Geometrien für oszillierende Strukturen oder Resonanzen wie z.B. ein Ablauf in der vielfachen Länge der Übertragungsmaterie, sind denkbar (siehe Abb. 9). Die oszillierende Struktur zeigt eine Verschiebung, ohne dass es im Aussenbereich zu einer Materieverschiebung kommt. Es entsteht eine registrierbare Bewegung ohne eine Masseänderung im Bereich ausserhalb der betrachteten Struktur. Gleichzeitig eignet sich eine solche Materieansammlung zum mechanischen „verhaken" mit einer den Innenbereich ausfüllenden Struktur. Diese Form kann aus einem zerbrochenen

Kreisring entstanden sein. Möglicherweise ist dieser in sich verdreht und die Enden weisen einen Höhenunterschied auf. Damit entsteht ein weiteres Beispiel für ein Federelement.

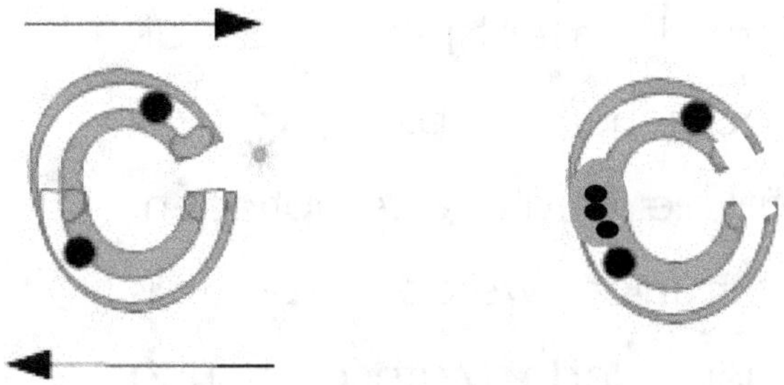

Abbildung 9: Geometrie einer oszillierenden Struktur für ungebundene Materialelemente, einschließlich einer Lücke in einem richtungsgeteilten äußeren Strömungsfeld, rechts ein Basiselement für eine lipophile Struktur

Wird erneut angenommen, dass diese „Lichtträger" natürlich aus der Sonnenfusion oder anderen Strahlungsquellen, z.B. als eine beinhaltete Form von „Neutrinos" z.B. nach Abbildung 10, als Strahlung entstehen, sich ablösen und auf der Erde auftreffen, dann entsteht in der direkten optischen Verbindung eine Intensität, die wir als hell empfinden. Streuungspunkte werden ebenfalls gut erkannt. Jede Materieordnung im Ausbreitungsweg führt zu einer Streuung, die von auch von „Spaltversuchen" bekannt sind. Es sei dahingestellt, ob am Auftreffpunkt bereits feinste blasenartige Gebilde vorhanden sind, die im Falle des Auftreffen der Lichtträger bersten und damit eine materieabhängige Geschwindigkeit erzeugen. Oder kältere Materie auftrifft und ein Verdampfungsprozess entsteht. Die Grundstruktur stößt durch die Erwärmung Materie aus oder zerbricht, wie die Entstehung von berstenden Blasen. Vergleiche dazu den

Zusammenhang zwischen Mueh-Null, Epsilon- Null und der Lichtgeschwindigkeit. Denkbar ist eine Ableitung zwischen Aufpressdruck, Zerreissgeschwindigkeit und entstehende Impulsgeschwindigkeit. Eine Anhäufung mit den entsprechenden, wie oben beschrieben, Kollisionen, Reflektionen und der folgenden Temperaturerhöhung führt zum sichtbaren Effekt. Strukturen wie in Abbildung 9 dargestellt selektieren als Durchlass und durch die Reflektion mit verschieden großen Öffnungen die Eingangsstrahlung. In einer Anhäufung von gleichartigen Öffnungslängen wird der optische oder elektromagnetische Effekt homogenisiert und damit verstärkt (Filterwirkung). Auch kann der Innenraum der Struktur in Abbildung 9 in einer räumlichen Ausdehnung mit Eintrittsöffnungen versehen sein. Ein Eindringen von Materieelementen und deren geordnete Reflektionen im Inneren und dem Verlassen an der Außenseite, führt zu polarisierten Strahlen, ähnlich einem Laser.

Gleichzeitig sind um die Erde weiter entfernte Sonnen und Strahlungsquellen verteilt. Auch diese senden die gleiche Strahlung bzw. „Lichtträger" aus. Die Intensität kann entsprechend der Entfernung und den möglichen Strömungsaufteilungen aufgrund unterschiedlicher Dichteverteilungen im Ausbreitungspfad entsprechend geringer sein. Ein Auftreffen dieser „Lichtträger" führt aufgrund der geringeren Intensität bzw. Anhäufung nicht unbedingt zur oben beschriebenen Erwärmung, Ionisierung und Entladung. (Der Begriff der Ionisieren wurde bisher als ein Element verstanden, dass seinen „Ladezustand“ verändert hat. Diese Sichtweise läßt sich im Grundsatz beibehalten. Die Rotationseigenschaft des Protons ändert sich durch die Abgabe oder Aufnahme eines Materieelementes.) Diese kaum wahrnehmbare Kreisbewegung lässt sich, neben einzelnen Materieelementen wie Elektronen oder Neutrinos, somit als „dunkles Licht“ bezeichen. Jede Strahlung, wie die bekannte radioaktive Strahlung erzeugt eine gerichtete Kraft. Die „dunkle Materie“ wird im folgenden noch einmal in den Zusammenhang mit „Verbrennungsasche" und kleinsten Teilchen gesetzt. Das kleinste Teilchen könnte auch Neutralino genannt werden. Zweifel bleiben aber an der vorausgesetzten Gleichmäßigkeit. Es ist anzunehmen, dass feinste Überreste von Bruchstücken von Kohlenstoff , Eisen und Wasserstoff, tordierten, dotierten, Bruchstücke von Lichtträgern und sonstigem sich im Weltraum angesammelt haben und das „Vakuum" füllen. Nach der aktuellen Definition, reagiert diese nicht mit elektromagnetischer Strahlung. Alle zuvor genannten Elemente würden eine Wechselwirkung mit der elektromagnetischen Strahlung eingehen. Der Author hält die Definition für ein nicht realistisches Hilfskonstrukt um die lückenhaften bisherigen Modelle zu kompensieren. Wasser dämpft, verschiebt damit zu niedrigeren Frequenzen und verdunkelt eine Lichtausbreitung. Gleichzeitig wirken Teilchen als Reflektor, solange keine verfangende Struktur vorliegt. Die Teilchendichte nimmt in der Entfernung von den Materieansammlungen ab. Dem Gedanken folgend müssten sich auch Lichtträger bzw. die Materiereste von Helium, Wasserstoff und weiteren z.B. auf der Sonne vorhandenen Elementen als „Asche" auf der Erde ansammeln bzw. neu verbinden. Die Elemente die am häufigsten auf der Erde auftreten sind Kohlenstoff, Silicate/Silizium-Verbindungen (ca. 25%) und

Wasserstoff. Polarisierende Gläser vermögen die eintreffenden Stahlen aufzuspalten bzw. auszurichten und eine entsprechende Widerstandsanpassung hervorzurufen. Es entsteht keine optische Reflektion und die Strahlung wird trotz der Verdeckung, z.B. durch eine Wolke, sichtbar. Dadurch entsprechen sich die Materieelemente, z.B. Siliziumdioxid, und der entsprechende Anteil wird sichtbar. Die Sonne zeigt sich für uns in ihrer gelblich grünen Farbe, die auf die Natrium Chlorid Anteile zurückzuführen sind. Im Meer befinden sich grosse Mengen an Kalzium- und Natriumverbindungen, die auf diesen Einfall zurück zu führen sind. Eine reine Auswaschung aus dem Meeresboden oder Flußberandungen würde zu einer ungleicheren Verteilung führen. Auch müssen die in der Erde befindlichen Natriumanteile auf einem Ursprung basieren. Vergleicht man dazu andere Planten aus unserem Sonnensystem, lässt sich keine Gleichverteilung dieser Elemente feststellen. Dies würde dieser These zur Sonne als Verursacher widersprechen. Gleichzeitig läßt sich aus der Entstehungszeit eine Ungleichverteilung der ersten Interstellaren „Wolken" unterstellen. Auch muss berücksichtigt werden, dass Elemente geeignete Verbindungen herstellen und diese damit an einem bestimmten Ort sich ansammeln können. Unter der Annahme, dass Natrium u.a. Verbindung aus dem Weltall oder der Sonne aus in Richtung Erde einfallen, ergibt sich eine Erklärung für zufällig verteilte Wolkenentstehungen und Blitzentladungen. Natrium Chlorid, Eisenanteile, Wasserstoff, Kohlenstoff aus dem Weltall oder auch biologisches Material verbessert direkt oder indirekt die elektrische Leitung und führt so zu bevorzugten Leitungskanäle. Es kann dadurch eine „beruhigte“ Zone entstehen ohne verwehende starke Strömungen, die sich als Leitungskanal eignen. Auf der anderen Seite verändert jeder Materiewirbel im Ausbreitungsweges des Blitzes seine Richtung.

Ein vorhandener Sauerstoff eignet sich zur Bindung von Wasserstoff. Unter hohen Temperaturen ist der metallische Wasserstoff bekannt. Ein Elektron wird dem Wasserstoff zugeordnet. Eine Trennung ist aufgrund der grossen Temperaturunterschiede denkbar. Ein Blick auf diese Materialien als Reinstoff und deren Ableitungen genügt, um sich dieser Vermutung anzuschließen. Die bekannten Massenverhältnisse zwischen den sogenannten Neutrinos und kleinsten Elektronen sind ähnlich. Bruchstücke aus den o.g. Elementen, wie z.B. den Silizium Verbindung würden auch Neutrinos entstehen lassen. Aus Silizium-Verbindungen werden industriell Halbleiter produziert. Bestimmte Halbleiter dienen der Erzeugung von Licht andere mögen eine elektrische Kraft erzeugen.

Wenn wir Materieelemente als ungebundene, beweglich, rollend, drehende kleinere, in verschiedenen Größen und Ebenen betrachten erhalten wir ein dynamisches Gemenge. Wenn dieses Gemenge von einer oder mehreren Verschiebungen oder Impulsen getroffen werden, erhalten wir eine Transfer-Struktur, die die Verschiebung weiterleitet. Eine solche Transferstruktur, die von einem Punkt aus angeregt wird, wird eine starke Wechselwirkung in dieser ungebundenen Kette hervorbringen. Festere Verbindungen können sich durch den entsprechenden Druck /Impuls herausbilden und in den Zwischenräumen bewegliche Elemente erhalten.

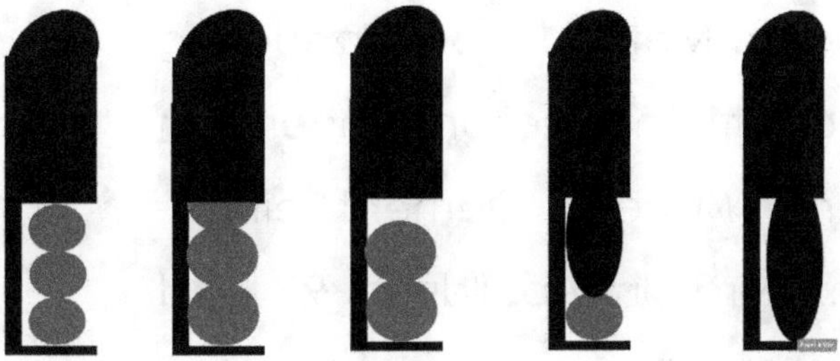

Abbildung 9': Anpassung von Materieflussvarianten

Nennen wir die ungebundenen oder rollenden kleineren Materieelemente Elektronen, kommen wir in der elektromagnetischen bekannten Welt an und werden den „Übergang" zur Gesamtsystematik finden, den Einstein anstrebte.

Das Impulsmodell eignet sich auch zur Darstellung von heute angewendeten Methoden zur Erzeugung einer elektrischen Leitung, indem ein weiteres Materie Element eingebracht wird. In Abbildung 9'' sind bewegliche Elemente zwischen festeren Abtrennungen eingebracht. Durch das Hinzufügen eines weiteren Elementes (kleine Kugel) wird die Impulsübertragung in Querrichtung gewährleistet. Diese Darstellung ist vergleichbar mit der sogenannten Dotierung in der Elektronik.

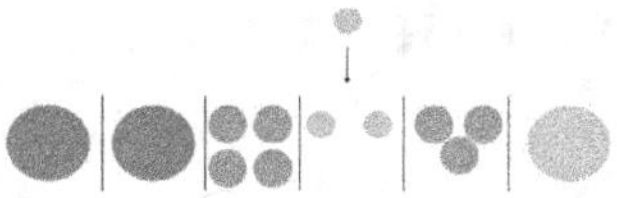

Abbildung 9'': Einfache Darstellung einer verbesserten Impulsweitergabe durch das Einbringen eines weiteren Materieelementes (Dotierung)

Zusammen mit federnden Materieelementen lassen sich „elektrische" Schalter konstruieren, die eine Teildurchlässigkeit oder eine Teildurchlässigkeit in einem bestimmten Zeitbereich ermöglichen, die sich, neben den bereits bekannten Varianten, für Quantencomputer eignen.

3.3 Austretende Mikro- und Makrostrukturen, Reflektoren

Feinste Materie im Weltraum, fraktionierte "Asche" wird durch die extrem hohen von der Verbrennungstemperatur abhängige Reaktionen erzeugt, die z. B. durch eine innere Entladung in einer Sonne oder durch einen Asterioideneinschlag, ausgestoßen werden. Es können "Wolken" von Wasserstofffragmenten als Komponenten die sogenannte dunkle Materie bilden. Weiterfusionierte Verbindung, im Sinne einer einfachen Materieverbindung, (vgl. Kohlenstoff) mögen als Gerüststruktur 3 D Körper bilden. Im inneren dieser Strukturen bleibt ein Raum für weitere Materie (vgl. Elektronen, Protonen, etc.) Im stetigen Strom werden diese sich anordnen. Vorstellbar sind Schichtungen, Bündel oder C-förmige geöffnete Ringe/Volumenkörper bzw. Bruchstücke eines in der Näherung erkennbaren Stabes (siehe auch Kohlenstoff, vgl. Sauerstoff, in der Folge Eisen) oder auch durch eine Verdrehung geschlossene Strukturen deren durchdringender Widerstand für eine angepasste Strömung sinkt, wenn diese Materieelemente hintereinander ohne Überstände angeordnet sind (Streuungslinearisierung). Aufgebrochene zylinderförmige Materie oder zweifach zerbrochene Tori lassen sich mit der Hilfe einer wirkenden

Kraft als Kristallschichten aufeinanderstapeln. Eine vorausgehende Ordnung bzgl. der Größe der einzelnen Volumenkörper ist anzunehmen. Ein sich ausbreitendes Materieelement kann sich im „Materiekanal" bzw. in einem Durchgang, ohne Streuung ausbreiten bzw. die Kohlenstoffanordung durchdringen. Eine Verbindung dieser gebildeten Materieketten erzeugen bekannte Materie mit höheren Ordnungszahlen. Die strömungsbedingte Materieanordnungszonen können dabei einer „e-Funktion"ähneln. Es lässt sich annehmen, dass es sich bei den C-förmigen Ringen um mehreckige Stücke handelt wie diese aus Fünf- und Sechsecken entstehen. Fünfeckige Elemente sind, in der Realität, oft Annäherungen an eine Fünfeckige Flächenform. Die Schräge ist, aufgrund einer Kugelabschattung, häufig gekrümmt. Das Sechseck ergibt sich, neben den zuvor erwähnten Anordnungen, z.B. aus der schrägen 2 D Projektion eines Quaders. Alternativ durch einen Druckanstieg mehrere angeordneter kugelähnlichen Volumenkörper. Teilausbrüche der Innenflächen oder Randzonen führen zur offen Form. Bei dem 3/4 Kreis ergibt sich zwischen dem in der Ebene fiktiven Radius und dem Längenverhältnis zum offenen Kreisbogen das 2,7 fache. Besser läßt sich dies als Länge der Diagonalen in der Spirale vorstellen bzw. dem entsprechenden Verhältnis aus dem Umfang und dem diagonalen Durchmesser. Dies stellt die Basis für die e- Funktion dar. In der entsprechenden Strömung kann sich eine theoretisch unendliche lange Aneinanderreihung bzw. Ordnung von diesen gebogenen Einzelelementen ergeben. Die endliche Ausdehnung kann mittels wiederkehrenden impulsbasierten Bewegungen und deren ungestörte Ausbreitung gesehen werden. Ein regelmäßiger Ausstoss dieser Materieelemente in gleichmäßigen Abständen führt zu gleichmäßigen Abständen der einzelnen Flocken bzw. Ebenen. Die beginnende Rotation in Kombination mit einer Längsströmung führt zur beschriebenen Aneinanderreihung. Der auf der Erde häufig vorkommende Kohlenstoff ist möglicherweise aufgrund von Kreisströmen im Stern oder Raum als Fullerene (Als Fulleren werden hohle, geschlossene Moleküle, häufig mit hoher Symmetrie bezeichnet) aus Kohlenstoffatomen, die sich in Fünf- und Sechsecken anordnen, gebildet und später in einzelnen Schichten zerfallen. Die C Form wäre dabei eine vereinfachte Seitenansicht mit möglicherweise ausgebrochenen Elementen. Ein zerbrechender bzw. zerplatzender Torus bildet zumindest zeitweise eine solche C Form. Neben der Entstehung durch einen Röhrenausstoß, ergibt sich eine mögliche Torusform auch bei einer Kollision zwischen zwei verschieden grossen kugelförmigen Volumenkörper. Vorstellbar sind bei Volumenkörpern die Ausbrüche von Seitenflächen auch als einzelne Fenster die damit einen verstärkte Wechselwirkung mit dem inneren Bereich zulassen. Teilchen/Strahlung aus dem Inneren können anschliessend austreten. Falls diese Strahlung von uns erkennbar ist, würde ein hellerer Eindruck entstehen.

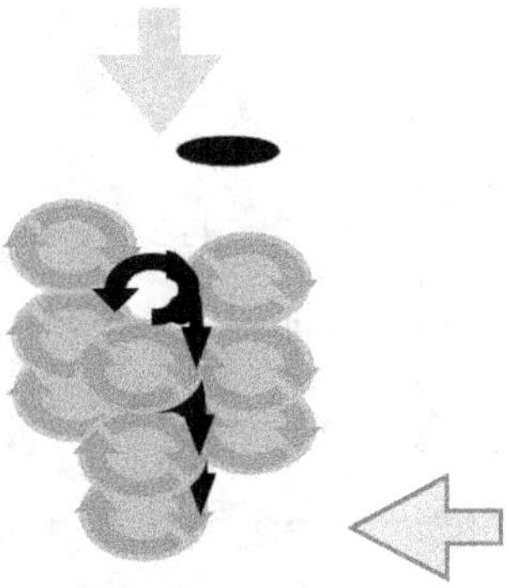

Abbildung 9''': Typische Materiebündelung durch freie sich im Raum bewegende Wirbel

Diese Fulleren eignen sich als die im Text zuvor beschriebenen Lichtträger in einer heftigen Reaktion mit Luft. Es würde das dunkle Weltall erklären und die Lichterscheinung die erst in der Atmosphäre auftritt.

Andere Verbindungen, wie z.B. Verbindungen zwischen dem Kohlenstoff und Wasserstoff als Methan, erzeugen andere räumliche Verdrehung und verändern damit die gleichförmige Ausprägung dieser Anordnungen. Die Verbindung verschliesst sich mehr, was uns als Frequenzveränderung zum langwelligen Bereich bekannt ist. Dieser Effekt führt zum bekannten Treibhauseffekt. Die kombinierte Struktur, vorstellbar als eine Verschnürung, ist weniger durchlässig für kleinere Teilchen oder Energiewechselwirkungen.

Der Materiedurchgang durch eine Grenzschicht erzeugt bestimmte sich wiederholende Materiestrukturen. Dies lässt sich, wie im nächsten Kapitel beschrieben, als extrudiert bezeichnen.

Kleinere Elemente werden ebenfalls durch Mikrostrukturen extrudiert.

Damit ist es wahrscheinlich, freie Elektronen, im erweiterten Sinne, „ohne Entladung“ zu erzeugen. Diese erscheinen stationär bzw. frei beweglich, als Materie. Bei größeren extrudierten Materieelementen sind diese Elektronen gewöhnlich mit dem Träger verbunden oder verlassen diesen durch Stoßprozesse. Auch in der Form eines Ellipsoid lässt sich eine erweiterte Zuordnung zu den Elektronen noch vornehmen. Eine geordnete rollende Bewegungsform ist über die Längsachse noch möglich. Elektronen werden in dieser Betrachtung als erweiterter

Begriff angesehen. Aus der Sicht des Autors ergeben sich verschiedene Größenordnungen dieser Elektronen (siehe Größendifferenzen in den festgestellten existierenden heutigen Messungen). Ein Neutrino wurde im Zusammenhang der Energiebetrachtung als Materieabstrahlung bzw. dem Verlust beim Atomkernzerfall und speziell als „nicht geladenes Teilchen" definiert. Die geordnete Kreisbewegung wird gestört, kollidiert, kommt evtl. zum Erliegen, es entsteht Reibung und Wärme. Im Sinne dieser Betrachtung würde man es als Materieabstrahlung als neutralen Teil der rotierenden Masse ansehen. Da das Proton als Kreisel, damit als stationäres rotierendes Materieelement, angesehen wird, kommt dieses im Falle einer Teilablösung vom Kreisel, gemäß dieser Betrachtung, neben einem Neutronenzerfallsprodukt, als Neutrinoquelle, in Betracht. Das Neutrino wird als abgelöste, evtl. mit einem Spin beaufschlagte, Masse betrachtet. Die Unterscheidung der Drehrichtungen genügt ein Vorzeichen. Ein zusammengesetztes Teilchen mit zwei entgegengesetzten Drehrichtung eignet sich zur Erklärung, dass ein Teilchen an zwei Orten gleichzeitig sein kann. Der bekannte Versuch mit „Schrödingers Katze“ bzw. der darin verwendete Schaltvorgang, läßt sich, unter der Annahme des Vorhandenseins eines Multibeweglichen Teilchens (vgl. Abb. 16') als Betätigter des Schalters, in drei Fälle unterscheiden. Beide Enden des Teilchens drehen z.B. in die gleiche Richtung. Damit kann eindeutig in eine Richtung geschaltet werden. Beide Enden drehen gleich schnell entgegengesetzt und heben sich somit auf. Es kommt zu keinem Schaltvorgang. Die beiden Enden drehen entgegengesetzt mit verschiedenen Geschwindigkeit und die Drehdifferenz ergibt die Schaltrichtung vor. Somit ist die quantentheoretische Überlegung auf die zeitweise Verbindung von Materie und den oder die betrachteten Volumenkörper zurückzuführen.

Für verschiedene Größenordnungen von Materie, falls diese messbar sind, lassen sich Namen definieren.

Der Begriff des Antineutrinos erscheint eher unverständlich. Gamastrahlung wird gemäß diesem quantisieren Modell auch einem sich ausbreitendem Teilchen zugeordnet. Die Gamastrahlung ist, im Bezug zur Alpha (Proton) und Betastrahlung (Elektron), die durchdringendste Strahlung. Es ist naheliegend, dass diese aus den kleinsten Teilchen, in der Größenordnung der Neutrinos, besteht. Damit sind kleinste Lücken in einer Materiestruktur durchdringbar. Im Vergleich zu den Neutrinos bilden andere mögliche Ablösungen oder das Abschleudern eines rotierenden Protons bzw. einer aufgerollten Struktur (vergleiche Feuer) eine andere Größenordnung. Man vergleiche dazu die Alphastrahlung.

Möglich ist auch eine Rotation der Neutronenstruktur um den Protonenkern oder umgekehrt. Dabei ist der Protonenkern als stationär anzusehen auch wenn die Möglichkeit einer beliebigen Rotation des Kerns besteht. Problematisch ist diese Möglichkeit im Hinblick auf die zuvor getroffene Definition des Protons als Kreisel. Die Annahme passt zur getroffenen Definition unter der Annahme eines Aussenkreisel, der damit seine neutrale Eigenschaft verliert und im Gesamten als Proton angesehen wird. Eine Nutation kann zur Trennung von Teilmaterie führen. Im Gegensatz führt die Veränderung des Flächenträgheitsmomentes im Bezug eines Schnittes entlang der Rotationsachse nicht zu einer Materieablösung. Möglich ist dies mittels wendelförmige Kreiselformen mit einzelnen verschiebbaren Teilstrukturen. Aus der Betrachtungsweise, eines abgelösten „Bruchstückes„ eines Protons wird davon ausgegangen, dass es keine einheitliche Neutrinogröße gibt. Dies stimmt mit aktuellen Diskussionen über Neutrinogrößen und der Masse überein. In der Vergangenheit erfahrene Unterschiede zur Größenbestimmung mögen auf Bestimmungen aus verschiedenen Betrachtungsachsen hervorgehen. Ein längliches Materieelement unterscheidet sich deutlich in der Bestimmungsgröße zwischen der Längs- und der Querachse. Im weitesten Sinne ist nach dem Austritt eine Unterscheidung zu den

Elektronen bzw. einer Teilmasse der Elektronen schwierig. Für eine zukünftige Systematisierung schlägt der Autor eine Unterscheidung aufgrund der Form vor. Elektronen als Materieform wird die beschleunigbare „Kugelform" zugeordnet. Diese Form kann im Detail systematische Abweichung tragen (z.B. Vertiefungen, Stäbchen, Zacken). Für den damit einhergehenden Größenbereich des Radius/Radien muss eine entsprechende Festlegung durchgeführt werden. In der aktuellen Betrachtung sind Elektronen oft fest verbundene Materiestrukturen, die, z.B. stabförmig mit Kugelkopf, herausstehen. Diese eignen sich zur Bindung in entsprechenden mit einem Raster versehenen Vertiefungen zur Elektronenbindung. Eine unbesetzte Elektronenschale verfügt über eine oder mehrere solcher Vertiefungen mit Raster.

Im Weltraum kann im Makrobereich, in anderen als die auf der Erde gewohnten Größenordnung stabilere transparente Materie durch gefrorenes Wasser entstehen, das von Planeten, die ihre Atmosphäre verlieren, abgetragen wurde. Eisfelder könnten die Form einer Kombination aus einer konvexen „Linse" in einer Ebene haben und z. B. dadurch eine runde Reflektion/Spiegel mit einem deutlichen Kreis um einen inneren vagen Bezirk erzeugen. Analog sind die konkaven Eisformationen vorhanden. Diese Eisformation, erkennbar als reflektierender linsenartiger oder ringförmiger Abschluss können wie ein sich bewegendes zylinderförmiges schwarze Loch wirken bzw. sich kombinieren. Die Besten Reflektoren ergeben sich gewöhnlich aus metallischen glatten Ebenen. Eine angepasste Gitterstruktur polarisiert das Licht. Eine Reflektion geschieht in der gleichen Richtung wie die ursprüngliche Einfallsrichtung. Es fehlt die Streuung. Das Licht ist nur für den Aussendenden sichtbar. Die räumliche Zusammenführung eines sogenannten Neutronensterns und einer größeren Masse ist ein geeigneter Reflektor für Licht. Eine sichtbare Streuung entsteht durch geometrische Abweichung der Oberfläche bei der jeweiligen Reflektion. Durch die Neigung der Ebene wird dieses Licht nicht zum Aussendungspunkt zurückkehren. Ergeben sich zusätzlich polarisierende Querströmungen auf der „Linsenoberfläche“ entsteht polarisiertes Licht, dass in einer Betrachtungsrichtung nicht mehr im sichtbaren Spektrum wahrgenommen werden kann. Eine Drehung dieses evtl. absorbierenden und auf der anderen Seite reflektierenden Objektes (z.B. Zylinders) zeigt eine periodische Leuchterscheinung mit einer zeitlichen Abhängigkeit von der Objektgröße.

Im Falle eines Kreisrings, erzeugt eine Lücke in diesem eine Farbempfindungsabweichung. Einschlüsse im Eis oder auch Risse können als Entladungskanal wirken. Neu eintreffende Teilchen bewirken bei einem geeigneten Auftreffen, das Auslösen einer lawinenförmigen Ausbreitung in einem bereits vorhanden Entladungskanal. Durch das Auftreffen des Elementarteilchen kann ein Entladungkanal bzw. Lichtkanal sichtbar werden. Der gleiche Effekt ist örtlich wesentlich kleiner vorstellbar. Eine leicht entzündliche eingeschlossene Mischung, wie z.B. eine feinere Sauerstoffstruktur (vgl. Urhelium), kann sich aufgrund einer Überbrückung einer vorhanden Leitungsstruktur (feinere Elektronenansammlung) entzünden und zu einer Leuchterscheinung nach einem Aufprall führen.

Denkbar ist, dass ein schwarzer „Reflektor" für auftreffende Strahlung sich als streuungsfrei erweist und damit als eine andere Art von „Absorber" erscheint. Neben einem amphorenartigen Rotationskörper sind Strings, vorstellbar als dünne fadenförmige Fortsätze, als „Absorber" geeignet. Üblicherweise versteht man darunter die Umsetzung der höher frequenten Strahlung in eine länger frequente Wärmestrahlung. Auch wird durch den Winkelversatz üblicherweise vermieden, dass die Strahlung an ihren Ausgangspunkt zurück reflektiert wird. In dieser Betrachtung entsteht keine erkennbare Farb- oder Graustufenverschiebung. Eine Kugel kann mit Hilfe dieser Betrachtungsweise, aufgrund ihrer Winkelabweichung, nicht ideal schwarz erscheinen. Trotzdem kann zwischen einem umgebenden Rand und der Innenkugel in der Mitte, eine vom Rand nach innen gerichtete Strömung vorhanden sein, die einen optisch schwarzen Kreisring erzeugt. Die Materie bewegt sich in einem steilen Winkel vom Beobachter weg. Es entsteht dabei keine Seitenansicht der bewegten Materie. Das annähernd reflektionsfreie oder Reflektionsverringerung, im Gegensatz zur o. beschriebenen Kugel, ergibt sich bei flachen bzw. nach innen geöffneten Reflektor. Ein im Gewissen Bereich variierten Betrachtungswinkel auf diese Art der Materieansammlungen, ändert wenig am gewonnen Eindruck. Eine Bestrahlung die nicht den Innenraum erreicht, bildet an anderer Stelle einSchatten der die Kontur aus der jeweiligen Perspektive zeigt. Wie zuvor zu den Strings erläutert, eignen sich dünne fadenförmige Fortsätze oder Hohlfäden die in ein röhrenartiges System münden zur Absorption. Eine seitliche Betrachtung, abweichend von der geraden Betrachung, erzeugt allerdings wieder eine Reflektion. Werden solche Fortsätze abgetrennt und bewegen sich geordnet im Raum mögen diese nur eine Durchsicht aus einer Richtung ermöglichen und damit auch als „Fil-

ter“ wirken. Gleichzeitig könnte man auch diese Materie als dunkle Materie bezeichnen.
Beispiele für beobachtbare reflektierende Ebenen, geöffnete Strukturen oder auch von Röhren und deren Schattenwurf bzw. Strahlengang sind bekannt (siehe dazu auch den sichtbare "Schwamm"-Eindruck [9]). Genau die Grenze zwischen dem abgeschatteten Bereich und dem Randbereich erzeugen verschiedene Bereiche zur Materieansammlung und die Möglichkeit des dynamischen örtlichen befolgendes eines Rotationssystems. In unserem Nahbereich ist dies gut erkennbar an der Mondbahn um Erde, deren „Schattenkegel“ und dem „Schattenkegel“ der Sonne. Aufgrund der

sich ändernden Abstände überlagern sich die Schattenwurf Abstände vergleichbar mit einem sich einstellenden Linsensystem, dass seinen Brennpunkt fokussiert. Es entstehen dadurch verschieden dichte Ringstrukturen und Volumenbereiche.

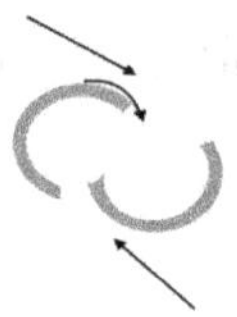

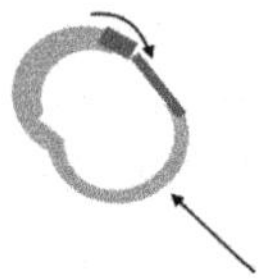

Abbildung 9'''': Verschiedene Möglichkeiten zur Raumdichteänderung in einer Wechselströmung

Diese mögen durch die Änderung ihrer gegenseitigen Position einen größeren oder kleineren Gesamtraum beanspruchen. Im Sinne einer Reflektion, einer elektromagnetischen Eigenschaft oder der Durchströmung entsteht bei einer sich wechselweise verschliessenden Struktur, eine Änderung der Eigenschaften des Raumes.

Bemerkbar sind dabei sogar die Furchen und Ausläufer auf der massiven „Dreiviertelschale des Mondes als „Störstellen“ oder Strahlenbahnen.

Im Mikrobereich kann z.B. Wasser, höchst komprimiert in Kernmaterie gefunden werden. Diese können als inhomogene Materieeinschlüssen in Kernmaterie angesehen werden. Die Inhomogenitäten sind aufgrund der Materiebildung entstanden oder auch durch eine Nachverdichtung aufgrund von Umgebungsänderungen möglich. Der zuvor erwähnte Kreisring oder Kreisel ist in den meisten Fällen lediglich eine Annäherung an einen Kreis. Zwischen mehreren „Kreiselementen" sind Lücken vorhanden, die sich bei weiterem Materiezufluss in einer Form schliessen. Auch sind näherungsweise Kreisringe oder Platten in einem Durchflussbereich vorstellbar, die sich aufgrund ihrer Drehachsenanordnung, mit dem Materiefluss bewegen. Der Autor bezweifelt eine immer identische gültige wiederkehrende Einteilung.

Die zuvor beschriebenen Vorgänge der Materietrennung bzw. -ansammlung und die Ausbildung von sich nahezu identisch sich wiederholenden Strukturen erzeugen auch die bekannten Reflektionen auf der Erde. Die größte Reflektionsfläche erscheint blau. In den Wasserflächen ist von einer Schichtung auszugehen. Voluminösere Anteile (vgl. z.B. Toluidine und andere Inhaltsstoffe) bleiben in der Nähe der Wasseroberfläche. Durch die ständige Rotationsbewegung werden diese in Kreisbewegungen versetzt. Einfallende Lichtstrahlen treffen somit auf ein kreis- oder wabenähnliches Muster. Diese bieten Absorptionsräume für längerwellige Infrarotanteile. Die Verengung dieser Kreisströme erzeugt einen tieferliegenden geeigneten Reflektor für die kurzen blauen Anteile. Aus diesem Grund wird die Farberscheinung bei der Durchsicht durch eine Wasserprobe nicht sichtbar.

3.4 Extruder und „Konglomerat“ zur Materieansammlung

Als Ergebnis der Strömung bilden sich Materie „Konglomerate“ in den Senken, welche durch das umgebende Material wirksam sind. In diesem Text wird zur Vereinfachung unter Konglomerate die Ansammlung von verschieden grossen Materieelementen bzw. Zusammenbündelungen verstanden. Es entstehen Kräfte durch einen Zerfall, das Platzen von Hohlräumen, das Umschlagen von „Membranen“ oder Blasen, die diese Konglomerate verdichten oder auseinandertreiben. Lokal betrachtet ist die Quelle der wirkenden Kraft somit bereits vorhanden.

Es entstehen und erlöschen in diesem Strömungsfeld auch immer neue Sonnen/ Sterne.

Das Strömungsfeld lässt Materie aus verschiedenen Richtungen "zuströmen". Dabei können ringförmige Materie Ansammlungen entstehen. Diese Ringstrukturen ändern je nach Temperatureinfluss oder dem Eintreffen von weiterer Materie ihre Form und Lage. Möglich ist die Elektronenkumulierung an den Ringscheiben und dem blitzartigen Auslösen von Elektronenströmen. Diese benötigen gewöhnlich eine geordnete Leitungsstruktur. Mehr oder weniger umschlossene Hohlräume oder Rinnen, ohne Füllung oder leicht verdrängbare Füllung eigneten sich dazu. Vorauseilende Lichtelemente dienen aufgrund ihrer rotierenden Eigenschaften gleichzeitig der Weiterbeförderung der durchströmenden Elemente. Anschlagende innere Strukturen können aufgrund der Impulsreflektionen Öffnungen in der Randstruktur bilden, wenn keine energiereiche äußere Strahlung vorhanden ist. Diese Öffnungen in den ringförmigen Materialstrukturen sind anschliessend Durchgangsstrecken für von Außen eintreffende Teilchenströme. Damit bilden sich innere Verbindungen zwischen den Rändern vorstellbar als Streben. Viele parallel sich rotierend in eine Richtung ausbreitende Teilchen, bilden

Linienstrukturen mit gleichem Abstand, zwischen denen sich gleichfalls Entladungsstrecken bilden können. Wahrgenommen können diese Entladungsstrecken als Strahlen. Hochspannungsentladungen produzieren unter gewissen Voraussetzungen Gammastrahlen.

Abschmelzende Eisstrukturen können Eiskristallstapel zusammenbrechen lassen und somit durch die Nachverdichtung massivere Strukturen dieser anfänglichen Ebenen bilden. Auch bilden sich zwischen den Strukturen größere Hohlräume. Die gebildeten Scheiben, ändern je nach lokalem Verhältnis, den Winkel der Rotationsachse. Es kann damit ein spiralförmiges Aufrichten und ein

Verdrehen dieser Scheiben entstehen. Der Begriff Scheibe ist bereits in seiner einfachsten Form zu verstehen. Zwei längliche Materieelemente die sich im Vorbeiflug verhaken bilden bereits die Basis für einen neuen rotierenden flachen Körper. Neben der Bildung eines Sterns sollten diese kreisenden Ringstrukturen ein wichtiges Element des Kernfusionsprozesses sein. Die Materie wird in diesen von zwei Seiten eintreffenden Strömungen, vorstellbar als "Walzen" komprimiert, verbunden und "Strahlung" oder Partikel werden entsprechend frei. Die Anwesenheit von Wasser(stoff) befördert die Verbindung durch „Verknotungen". Als Darstellung siehe das Beispiel der dargestellten Ringströmungen aus Abbildung 18. Mehrere ineinander kreisförmig angeordnete Wasserstoffelemente sind in der Lage eine stabile Verbindung zu bilden sobald die Enden entsprechend umwickelt sind. Möglich wird dies durch die Kombination von verschiedenen Längen und einer entsprechenden auftreffenden Querströmung. Das umwickelnde Ende bildet sozusagen den oberen Abschlussstein einer Kuppel.

Wie in Kapitel 3.4 dargelegt, wird Materie durch "Extruder" ausgestoßen und/ oder die Oberfläche öffnet/ schließt sich in regelmäßigen Abständen durch den Materieströmungsfeld Einfluss. Die Bewegung der Oberfläche ergibt sich wiederum aus Schwingungszuständen des gesamten Körpers in Kombination mit oft vorhandenen Kreisströmungen. Die Extruder bilden einen „Schlüssel" für natürlich vorkommende Größenordnungen von Materiebündelungen. Interessant dabei ist die minimale Größenzusammensetzung für einen Volumenaustritt. Das Dreieck bildet dazu, neben einem minimalen kreisförmigen Durchtritt, die kleinste Durchtrittsform. Neben der möglicherweise periodischen Oberflächenbewegung ergeben sich auch Reflektionen im inneren des Körpers. Diese Einzelvorgänge lösen bei der Überschreitung eines Grenzwertes einen Oberflächenaustritt aus. In vielen Fällen handelt es sich bei diesen Austritten um Wasser, dass bei einer Fusion entstanden ist. Das auslösende Moment für den gerichteten Vorgang mag eine Blitzentladung, eine Erhitzung oder ein anderer Impuls sein. Die zurückbleibende Materie ist dadurch verfestigt und dient als stabilisierendes Element z.B. eines Sterns. Ohne diese Annahme ist es, in einem Modell ohne eine Massenanziehung, weniger verständlich, dass die durch den Fusionsvorgang freiwerdende Energie den Stern nicht auseinander treibt. Es kann davon ausgegangen werden , dass die Materieverteilung nicht homogen ist. Stärkere Rotationen erzeugen gewöhnlich kleinere bzw. stärker verdichtete Materie. Gleichzeitig erzeugt nur eine angepasste Impulsanregung eine wirkungsvolle Richtungsänderung. Kreisströme sind denkbare Auslöser des Zusammenhaltes der Materie im Stern. Strahlenförmige Materieerweiterungen können daraus entstehen. Vorstellbar sind diese in Form eines Baumes mit geraden oder bogenförmigen Verästelungen. Massgeblich beteiligt ist, in diesem Zusammenhang, die Form der Elementarmaterie. V-förmige Elemente, Kanten im Ausbreitungsweg oder Kreisel bilden automatisch ein Verästelung. Denkbar ist, dass sich aus diesen wirkenden Kräften, wie z.B. die Erdnutation, die ersten aufgestapelten Zellenstrukturen gebildet haben. Sogenannte Isotope wie z.B. Deuterium bilden „abgeknickte" Verästelungen. Auch bilden

Kreisanordnungen einzelner Materieelemente Lücken zwischen den Diesen und erzeugen dadurch die Möglichkeit einer Verästelung.

Betrachtet man Oberflächenaustritte im All, deren Folgen oder Explosion aus der Ferne, erhält man den "Schwamm"-Eindruck [9].

Die Kraft oder Abstoßung, wie z. B. die „elektrostatische"/ "magnetische" Kraft, thermische Effekte, ein komprimieren durch Explosionen/ Kollisionen und mechanische Faltung, entwickelt sich, gem. Kap. 2, aus jeder Raumveränderung im Strömungsfeld, die als Laufzeit verändernder Störstelle wirksam ist. Es ergibt sich je nach Ausrichtung und Anzahl eine gewisse Filterwirkung z.B. ähnlich einem Polarisationsfilter. Der Raum beginnt direkt hinter der Quelle der Verdrängung/Verschiebung.

Eine sich bildende Ansammlung von größeren Materieelementen streuen ankommende Impulse bzw. Materieverschiebungen in verschiedene Richtungen. Im Gegensatz dazu wird ein einzelnes Materieelement den Impuls entsprechend dem eintreffenden Winkel weitergeben oder reflektieren. Somit entsteht bei der größeren Materieansammlung eine Teilung der einkommenden Impulse oder Frequenzen. Die Reflektion wird dadurch gestreut und verringert sich in der Gegenrichtung zum eintreffenden Impuls. Es kommt zu einer Verdichtung. Die Verdichtung führt dazu, dass Impulse auf einer breiteren Impulsfront besser weitergegeben werden können ohne die gebildete Struktur wieder zu zerstören. Gegenläufige Impulse können zu einer mechanischen Verbindung der Materie führen. Die Schwingungszerlegung, Frequenzänderung bzw. Streuung begünstigt die Materiebündelung bzw. Bindung.

Eine teilweise massive Oberfläche oder strukturierte Oberfläche mit "Rissen" (in Bewegung), wie wir sie z. B. auf der Sonne (vgl. auch [2]) oder einer Glühwendel beobachten, erzeugen Effekte als unregelmäßig gebogenes „Gitter". Es handelt sich um eine ungleichmäßige „Rissstruktur" durch verschiedene Temperaturbereiche. Die verschiedenen Temperaturbereiche aufgrund unterschiedlicher Materiebewegungsbereiche ergeben unterschiedliche Durchdringsungswiderstände. Die transversale Projektion/ Interferenz eines gebogenen Rasters in verschiedenen Dimensionen, liefert an einem Spalt eine Verdichtung oder Beugung, die die Materie aufsummiert. Austretende Materie ist vergleichbar mit Reibungsresten von der im inneren rotierenden Materie. Die charakteristischen Muster sind abhängig vom Spaltmaterial, der Spaltform, der Füllmaterie und der

Darstellungsgrundlage, da die Teilchen entsprechende orthogonale bzw. transversale Beschleunigung am nahen Spaltdurchgang erhalten. Darüberhinaus kommt es zu Reflektionen an der Spaltumrandung. Reflektierte Teilchen können mit entgegenkommenden kollidieren. Auch Materieteilungen des durch den Spalt geschossenen Teilchens können dadurch zustande kommen. Nicht zu vergessen ist der Abschluss der Schlitzform. Dies führt wiederum zu einer spezifischen Dichteverteilung. Zu bedenken ist, dass die entstehende Materieform abhängig ist von der Anzahl der am Kreuzungspunkt zusammenkommenden Schlitzanzahl. Man vergleiche dazu auch die Steilheit eines Regenbogens abhängig von der Windstärke. Viele unterschiedliche Formen können, z. B. Teilebenen (vgl. Wasserstoffbänder), die Kugelform oder einen Kegel mit Erweiterungen als Strings (verkettet als hier benannte Super Strings), erzeugt werden, die heutige vorhandene atomare Konfiguration gebildet haben. Da Mehrdimensionale Räume mit mehr als drei Dimensionen eine reine mathematische Betrachtung sind, wird der Begriff des String hier vereinfacht für lange Materieverbindungen verwendet. Die sind gewöhnlich äusserst fein ausgeprägt und können kettenförmig als auch röhrenförmig ausgeprägt sein. Der Ausgangspunkt mag aus einer gezogenen Materieansammlung entstanden sein ist aber auch als Teilchenbahn oder Endpunkt bzw. Materieablösungspunkt(vgl. Verdunstung) vorstellbar. Auch zeigen sich diese Auswürfe auf Wasseroberflächen als ungleichmäßige Ringformen u.a. als Mikrowellenstrahlung oder Schleifen in beliebiger Form bzw. entsprechend der Sonnenoberflächenaustrittsform. Der Oberflächenaustritt kann dabei auch die Folge eines vorherigen Fremdkörpereinschlages auf der Oberfläche sein. Möglicherweise enthält die Sonne bzw. die Sterne mehr Chlorverbindungen als bisher bekannt. Chlor erscheint uns gelblich-grün. Eine Ansammlung davon in unserer Atmosphäre wäre somit in diesen Farben sichtbar. In der Polregion würde ein direktes

Auftreffen auf die Wasseroberfläche mehr vermieden. Die Teilchen könnten sich länger in der Atmosphäre aufhalten ohne eine Art „Knallgasreaktion" mit dem Wasser einzugehen. Sehr vereinfacht läßt sich ein Kohlenstoffbehälter mit einem Deckel vorstellen der plötzlich hochklappt. Die Vorstellung der Schwefelstrukturen ist naheliegend. Das Auftreffen auf der Wasseroberfläche dürfte in gewissen Konstellationen wiederum auch Pflanzenteile, wie z.B. Algenteile, auslösen. Möglicherweise führt dies zu den bekannten grünen Horizontfärbungen, bekannt als Polarlichter. Eine Kombination aus roten Teilchen, etwa von eisenhaltigem Staub, wie er auf dem Mars und in manchen Wüsten vorkommt, in Kombination mit blauen Anteilen ergibt eine lila Färbung.

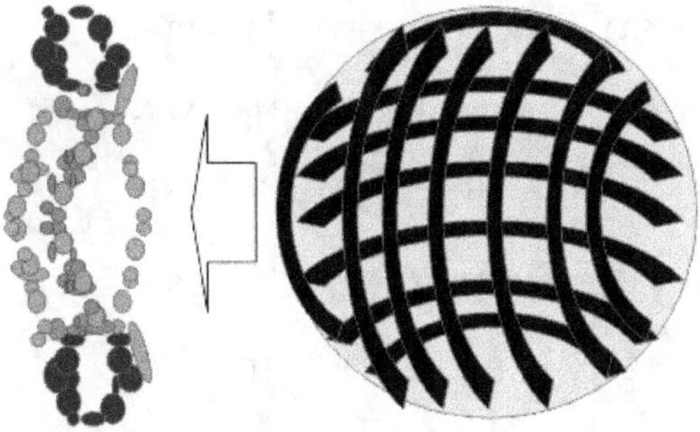

Abbildung 10: Materieformbildung am Kreuz- Spaltaustritt

Abbildung 10 zeigt ein Beispiel als vergrößerter Ausschnitt einer Materie Bildung durch den Austritt aus einer Oberflächenstruktur- das "extrudierte" Materie ist in der Darstellung um 90 °drehbar, je nach angenommener Spalt-Austrittsrichtung. Falls sich zwei Strömungen auf der Sonnenoberfläche übereinander kreuzen, entstehen länglich umwickelte Materieformen. Der Ausschnitt (Abbildung 11) beinhaltet beispielhaft den Austritt aus einer Verbindungslinie zwischen zwei Kreuzschlitzen. Die Darstellung läßt sich auf mehr als zwei Schlitze die sich an einem Punkt kreuzen erweitern.

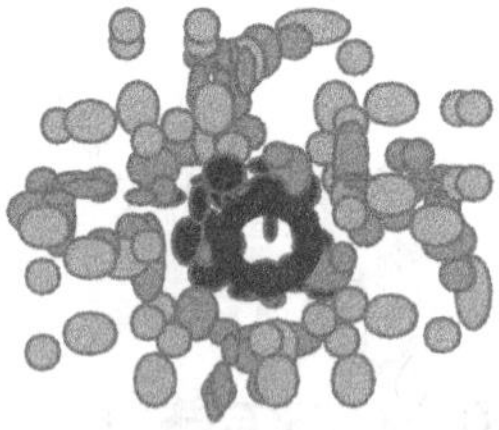

Abbildung 11: Teilansicht von Abbildung 10

Abbildung 11 zeigt z.B. einen Abschnitt von Abbildung 10 der erzeugten Materiedarstellung von der Austrittsoberfläche aus betrachtet. Die entstandenen Materialketten bilden gleichzeitig sichtbare Räume und Schleifen in der Struktur (oder Blasen). Dies geschieht mithilfe von vorhandenen Rand bzw. Spaltbegrenzungen, der möglichen Austrittsmaterie, entsprechenden Strömungen, Drehungen und ersten Einflüssen der Streuungslinearisierung. Der Hohlraum oder von der Struktur unabhängige Füllkörper können durch eine Temperatur- oder Druckänderung entstanden sein oder aber wie in den meisten Fällen durch die anfängliche Bildung eines Kreisringes bzw. einer Spiral- und Kreisströmung. Die Spiralströmung kann Materie am Ende seines maximalen Durchmessers ansammeln. Entsteht im Ansammlungsprozess ein weiterer Spiralarm, wird sich auch an diesem ein Kreisring bilden (usw.). Kreisringe verkleinern sich durch einen Querströmungseinfluss. Im Falle eines Impulseintrittes auf Ringschichtungen in einer Flüssigkeit, entsteht mit zunehmenden Energieverlust, ein Volumenkörper mit abnehmenden Radius. Dem Impulseintritt rücklaufende bzw. reflektierte Materie, neben den umgebenden Materiezuflüssen, schliesst die Form. Die Entstehung ist abhängig von der vorhandenen Materie und der Impulsanpassung. Bewegte Materie erzeugt besonders in einer Drehung „R e i b u n g s p u n k t e“ u n d Verhakungsmöglichkeiten für weitere sich anschliessende Materie.

Gleichzeitig können lose Materieelemente durch eintreffende Impulse aus ihrer Ruheposition gebracht werden und in die mögliche offene Struktur eindringen. Ein kugelförmiger Materieköper entsteht.

Umgekehrt sind Kreiselstrukturen die zuvor in eine Rotation geraten sind, mögliche abgebende Strukturen für kleinere Materieelemente, die in gewissen Fällen aus der Struktur geschleudert werden. Gebündelt angeordnete Materie, die in der Masse plötzlich auf einzelne Materieelemente einwirkt, erzeugt eine Abstrahlung. Vorgänge die zu einem Materieverlust führen, können als Strahlung registriert werden. Es bedarf dabei einer gewissen Passung zwischen Materieelement und dem Durch— oder Austrittskanal. Die Wellenlänge dieser Strahlung bewegt sich möglicherweise in einem Bereich kleiner der Gammastrahlung. Diese Strahlung wird auch in den uns bekannten Planeten erzeugt. Diese Strahlung möge mit der vom Strömungsfeld einwirkenden identisch und entgegengesetzt sein. Eine spürbare Kraft verändert sich dadurch. Analog zum Kreuzschlitz entsteht durch eine festere Materieüberdeckung ein Bereich des reduzierten Austrittes aus der Oberfläche des Sterns oder der Sonne. Weisst diese Überdeckung mindestens zwei Elemente auf die sich überkreuzen, kann es zwischen den, vorstellbar als Stäbe, je nach Winkel der Seitenflächen, zu gleichförmigen Reflektionen kommen. Die dadurch austretende Strahlung erhält damit eine immer wiederkehrende Wiederholfrequenz bzw. bereits beobachtete erkannte Muster.

Abbildung 11'Fiktive, aus Abbildung 11 entstandene Struktur mit drei Protonen als freie Kreisel

Die Materiebündelung lässt sich auch aus Gaswolken entnehmen, vergleichbar mit dem Verhalten in einer Flüssigkeit. Wirkt auf die ruhende Materie, ein relativ zur vorliegenden Materiebündelung zu starker Impuls in einem eher unverbundenen Medium, würde einen Kreisring hinterlassen. Mehrere gleichzeitig sich in eine Vorzugsrichtung bewegende Impulse, würden eine solche Kreisringstruktur wiederum verbinden. Somit kann die zuvor extrudierte Struktur auch im freien Raum durch „Spikes" oder Partikelflugbahnen, die eine gasförmige Materieansammlung durchdringen, entstehen.

Auf der Erdoberfläche schliessen sich vergrößernde nebeneinanderliegende Blasenstrukturen gewöhnlich wabenartig zusammen. Dies deutet, neben der Materie Basisbandstruktur, auf den Einfluss von Partikelflugbahnen hin. Anschliessend bildet sich, wie bereits beschrieben, bei einer geeigneten Zusammenkunft eine Drehung aus, die zur Bildung eines Kreisringes führen kann. Diese Kreisringe erscheinen in der Aufsicht als Stäbe oder Querstreben.

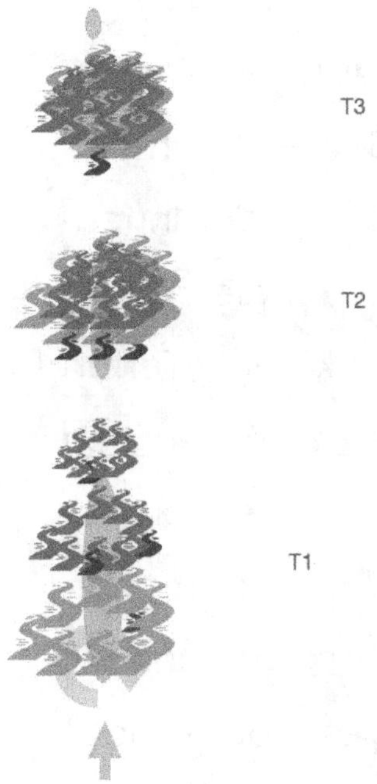

Abbildung 11': Eine sich ausbreitende Verschiebung in einer Flüssigkeit und das Zusammenführen der einzelnen gebildeten Strukturen

Wenn diese Kreisströmung nicht geschlossen ist, kann durch eine andere Strömung Materie oder Gas in das Innere gelangen und wird an der gegenüberliegenden Innenwand angehalten. Schliesst sich diese Kreisstruktur wieder, ist der Innenraum möglicherweise ungleichmässig ausgefüllt. Diese komprimierten Materialanhäufungen zwischen den vorhanden Räumen oder eingeschlossener Materie lassen sich auch als eine Form der Quarks benennen/ interpretieren. Im freien Raum bildet eine kurzzeitige orthogonale Durchströmung durch eine anfängliche Materie Ringform bzw. gebildete Scheibe, eine sich verlängernde Formation, die sich mit der Hilfe einer weiteren Querströmung oder einer Zugspannung kugelförmig abschliessenden kann. Mit dem vollständigen Schliessen dieser kugelförmigen Ebene bilden sich „Blasen" (geordnete Randzonen) in verschiedenen Größenordnungen. Die Ränder dieser Blasen zeichnen sich besonders ab, wenn der Innenbereich mit „aufgelockerter" Materie gefüllt ist. Dieser Vorgang kann in einer Kernmaterie gleichzeitig an mehreren Stellen entstehen. Im Bereich zwischen den Aussenwänden dieser Blasen lassen sich kleinere Wasserstoff ähnliche Elemente oder Ketten (als Namensvorschlag: Urwasserstoff) einschliessen und diese elastischen Füllungen oder Austauschteilchen können als Gluon ausgelegt werden. Man vergleiche dazu auch die Federwirkung von Stickstoff (N2). Möglicherweise ist die hüllenbildende Materie durch Ungleichverteilungen ein Kraftansatzpunkt für Teilrotationen. Überkreuzende Strukturen oder Blasenbildung führen zu Erhöhungen. Es eignen sich geordnete Kohlenwasserstoff Verbindungen um geschlossene Hüllen zu Formen. Auf dieser Grundstruktur sind bildlich vorstellbar Flüssigkeitsinseln als Farbschlieren auf Seifenblasen. Eine geordnete Anordnung der einzelnen Materieelemente kann auf der Oberfläche eine Schlitzstruktur, vergleichbar mit einer Jalousie, erzeugen, die den entsprechenden Farbeffekt erzeugt. Es ist damit keine nicht erklärbare Kraft zwischen Protonen und Neutronen sondern ein Füllmaterial mit seiner eigenen Beschaffenheit. Es muss davon ausgegangen werden, dass die inneren Strukturen der Atome die äusseren Einflüsse abbilden. Dieser Mechanismus wirkt von der derzeitig nicht auflösbaren Größe bis zu den größten Planeten und Sternenformen.

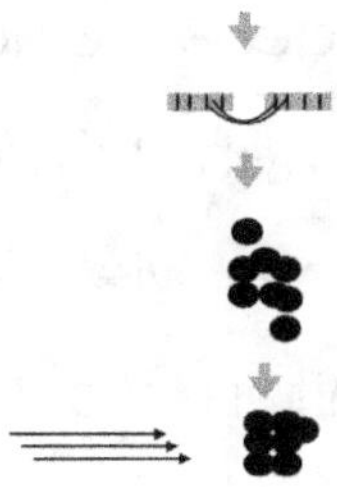

Abbildung 11': Von der Ringstruktur zu gebündelten Kugelstrukturen und Materiebildung weiterer Ordnung

Reste dieser Blasen wiederum lassen doppelwandige Materieketten zurück. Gefüllte Räume zwischen den kugelförmigen Elementen zeigen die Form eines allseitig flächig vertieften Kubus (Kubus Hyperbolikus). Im Falle der Ellipsoiden die eines Quaders. Eine strukturierte Bündelung, Verschlingung oder Aneinanderreihung dieser Ketten können einfach Materieelemente wie Eisen entstehen lassen. Somit ist die Makrostruktur/Form des Sterns entscheidend, ohne zusätzliche Energiezuführung, für die Materiebildung und nicht die absolute Größe des Objektes. Es ist bekannt, dass zur Erzeugung höher verbundener Elemente als Eisen Energie zugeführt werden muss. Dies ist erklärbar durch die entstehenden Dämpfungseffekte. Eisen benötigt bei unterschiedlichen Temperaturen einen unterschiedlichen Raum („Federeffekt“). Im Stern herrschen verschiedene Temperaturzonen. Es ändert sich somit stetig die Ausdehnung des Metalls. In unserer Sonne nehmen andere Elemente, ausser Helium und Wasserstoff, nur einen geringen Anteil ein. Vermutlich sind diese in der relativ näheren Vergangenheit durch Meteorideneinschläge zugeführt worden. Zur Entstehung von Eisen ist eine Kombination aus metallischen Wasserstoff und Silizium denkbar. Es stellt sich damit die Frage, ob diese Elemente wirklich in der Sonne durch einen Syntheseprozess entstanden sind.

Durch das Durchqueren oder Abscheren einer Oberflächenstruktur kann die „Ladungstrennung“ z. B. durch Reibung entstehen. Aufgrund der experimentellen Erfahrungswerte in der Vergangenheit, muss der Abstand zwischen dem Kern und den umgebenden Elektronen zumindest in einer Ebene betrachtet größer sein als in der Abbildung 10 dargestellt. Es wird davon ausgegangen, dass die "Schlitzstruktur" im Bezug zum „Austrittskreuz“, das den Kern entstehen ließe länger ist. Nach der in diesem Text vertretenen Betrachtungsweise sind die Elektronen als Wirbel oder/und durch eine Schlitzdurchdringung bzw. Röhrendurchdringung entstanden. Der

Schlitz kann in dieser Betrachtung auch kreisförmig sein. Eine reine Druckverdichtung zwischen zwei Festkörpern würde ausschliesslich flache Elektronen erzeugen. Der Rand wirkt sich auf die Oberflächenteilung bzw. -struktur aus. Gleichzeitig ergeben sich exponierte Materieformationen, die der bisherigen Betrachtung zur Aufenthaltswahrscheinlichkeit in einer „Elektronenwolke" entsprechen. Des weiteren kann von variierenden Kantenhöhen und verschiedenen Schlitzstrukturen ausgegangen werden. Ausgetretene Materie kann sich bei einer geläufigen Strömung wieder in einem Kreisring anordnen welcher auch die Basis für einen Volumenkörper bildet. In Schlitzen oder

Vertiefungen sind fixierte rotierende Elemente denkbar, die wiederum den in einer zu geringen zeitlichen Auflösung als „Elektronenwolke“ wirken. Gleichzeitig verbindet diese Anordnung durch den Eintritt eines freien Elektrons und den anschliessenden Auswurf, die Vorstellung einer besetzten Schale oder Ladungsposition. Auf der anderen Seite würde eine gewickelte Struktur (siehe auch Abbildung 1, nun als Beispiel für eine neutrale nicht rotierende Materie betrachtet) die Materie Abstände, im Vergleich zu einem ausgestreckten Materieband, deutlich reduzieren. Diese Vorgänge zur Verdrehung im Strömungsfeld lassen viele Varianten zu, die sich gegenseitig verzahnen können.

Es kann davon ausgegangen werden, dass es viel mehr Elektronen gibt als Kernelemente, die in den neutralen Strukturen eingebettet sind. Nach einer Freilegung wären diese erkennbar als Elektronen im zuvor definierten Sinne. Nichtbetrachtet wird die zuvor erläuterte Deutung als bewegte Spitzen oder fadenartige Strukturen. Sehr realistisch ist das freie Bewegen der Elektronen im Bereich des Kernes aufgrund des Hebeleffektes (Abbildung 17') und der Reflektionswirkung des Kernes. Die Trennung zu Elementarkernbausteinen ist eine Definitionssache. Diese Elementarkernbausteine können auch als zeitlich früh vorhandene Elemente im Weltall angesehen werden. Eine spätere Veränderung, neben der zuvor erläuterten Temperaturbetrachtung, ist eine damit einhergehende Verformung durch vibrierende Einflüsse denkbar. Aus dieser Überlegung heraus liessen sich lageunabhängige örtlich fixierte rotierende Elemente herleiten.

Die verfügbare Materie im Raum und die „Austrittslücken", ermöglichen die Bildung von vielen verschiedenen geformten Materialansammlungen (vgl. Abbildung 11) und deren späteren Verbindung. Es ist umgekehrt interessant, wie viele identische Materialkonstellationen dabei entstehen.

Das "extrudierte" Material, dass einen Spalt durchquert, kann in Beziehung zu den sogenannten "Strings" gesetzt werden. Ohne eine Zustandsänderung in der Querrichtung zur Ausbreitungsrichtung oder eine, einen Grenzwert überschreitende Änderung in der Materialzuführung, bilden sich lange Materieketten. Jede Art der Energiezuführung, z.B. in Form von Licht, führt auf der Zuführungsseite zu beliebigen Verschiebungen. Licht erzeugt einen Druck. Experimente dazu sind bekannt. Es hat damit auch ein Gewicht. Es läßt sich damit auch mit dem Higgsfeld oder Hintergrundfeld in Übereinstimmung bringen. Auf der abgewandten Seite bleibt der Erhalt der Ordnung bzw. Kettenstruktur. Individuelle Kettenformen entstehen, wenn sich andere Materie bereits verfestigt hat und die austretende Materie sich in deren Richtung ausbreitet (siehe Abbildung 12). Gleichzeitig ist die in zwei Stufen entstandene Struktur aus Abbildung 12 ist eine Möglichkeit für die Entstehung eines Unterdruckes in einem Kristallinneren. Nach einem weiteren Einschluss der zweistufigen Materiebildung fügt sich z.B. die zweite Lage besser an die aufnehmende Struktur und senkt damit den Druck in der sich dadurch vergrösserten Kammer der nun gekapselten Gesamtstruktur. Diese Kammern eignen sich wie zuvor erläutert für Implosionen. Gleichzeitig eignet sich die Struktur auch zur Bildung von Klammern, d.h.

N-förmige oder V-förmige abgeknickte Formen. Diese entstehen aus, wie später erläutert wird, in Kreiswirbeln.

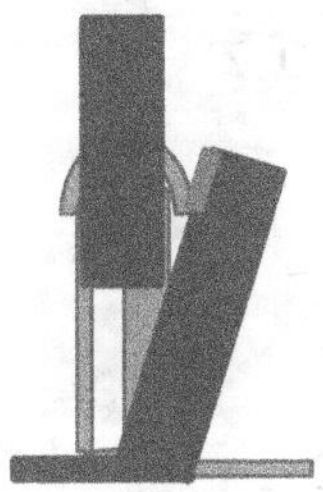

Abbildung 12: Materie Formation an einer bereits verfestigten Materialstruktur

Aufgrund von Temperatur-, Druckveränderungen (variierende Spaltbreiten), Kollisionen, Rotationen (besonders von verbundenen Kreisringen oder Kugel) und Materialinhomogenitäten in der produzierenden Quelle, erhalten wir einen nicht konstanten Materialfluss. Das extrudierte Material erhält dickere und dünnere Materialketten und entsteht teilweise aus mehreren Austrittskanälen, die, die Materie unterschiedlich zusammenführen.

Die Schichtung ist aufgrund von Strömungen und Schwankungen inhomogen bzgl. der Temperaturverteilung. Kältere Zonen können aufgrund von Lageschwankungen immer wieder erhitzt werden. Dies führt zu lokalen Druckerhöhungen. Wenn es in der darunterliegenden Schicht zu regelrechten Explosionen kommt, breitet sich an manchen Stellen Energie aus und entlädt sich innerhalb weniger Minuten.

Materie, die sehr strukturiert, komprimiert und relativ homogen ist, wird in einer Sternexplosion, als komprimierter Kern entstehen. Die expandierenden Verschiebungen bewegen sich meist im Zentrum in ähnlichen/den gleichen expandierenden Richtungen. Das beobachtete „Aufblähen" erscheint eher als das Erreichen eines ausgeglichenen Zustandes. Dies könnte in Relation zur sogenannten "Supersymmetrie" gesetzt werden. Noch symmetrischer sind Rotationen in einer beruhigten Zone, an Punkten der entgegengesetzten Strömung zu erwarten. Die Effekt ist auch bei besonderen Chemikalien die zusammengebracht werden und dadurch pendelnde wechselnde Farben erzeugen, zu beobachten. Es entsteht eine Symmetrie, die Temperatur senkt sich und dieser Zustand ist mit einer Farberscheinung belegt. Kommt es zu einer Störung, löst sich die zuvor erreichte Symmetrie auf, die Temperatur steigt durch die damit einhergehenden Kollisionen und es erscheint die andere Farbe.

Extreme Reaktionen von Materieausbrüchen, etwa durch Ringströmungskollisionen aber auch im Detail biologische entstandene Strukturen, produzieren durch Reproduktion, sehr ähnliche Formationen. Staub bzw. kleinste Schwebeteilchen sind eher ungeordnete Strukturen und werden durch äußere Einflüsse zumindest in einer Vorzugsrichtung homogenisiert. Wasserelemente, als Nebenprodukte oder oxidierte Wasserstoffelemente, können aufgrund ihrer Streifenstruktur dazu beitragen diese zu transportieren und Sedimente zu bilden. Ein Oxid verfügt in dieser Vorstellung über eine matte, rauhe, löchrige oder zerrissene bzw. zerklüftete Oberfläche. Helium in einer Urstruktur könnte dem Sauerstoff zugeordnet werden und damit im Falle der Kondensation das verbindende Element zwischen den Wasserstoffelementen bilden.

Diese, in verschiedenen Formen von Strömungen verbrachte Materie, kann zusammen mit dem Einfluss von bereits gebildeten „Konglomerat“, neue Formationen entstehen lassen. Verschiedene bereits verbundene Materiestrukturen im Raum verändern die Strömung in der Umgebung und lassen andere Formen der Anhäufung entstehen.

Die Nähe zu einer großen drehenden kugelsymmetrischen Masse z. B. ändert eine weitere Materieansammlung in Form eines drehenden Kreises z.B. die erneut entstehende Materieansammlung ihre Form in die bekannte Kegelform.

Aus der Quellen- und Senkenbetrachtung, läßt sich ein Wechsel zwischen Materie Austritt und Formation noch einmal visualisieren und wiederholen:

Das Strömungsfeld erzeugt die Drehung mittels der vorhandenen Masseninhomogenitäten, reflektierenden Strukturen, Strömungen und entgegengesetzten Strömungen. Eine Masseninhomogenität ist dabei jede Winkelabweichung dieser Materie die, die Weitergabe einer Verschiebung in Ausbreitungsrichtung verändert.

Weitgehend bekannt ist das Bild eines drehenden Wildwasserwirbels oder Senkenwirbels. Eine im Kreis gerichtete Strömung die sich in einer beruhigten Zone zwischen schneller fliessenden Elementen bildet.

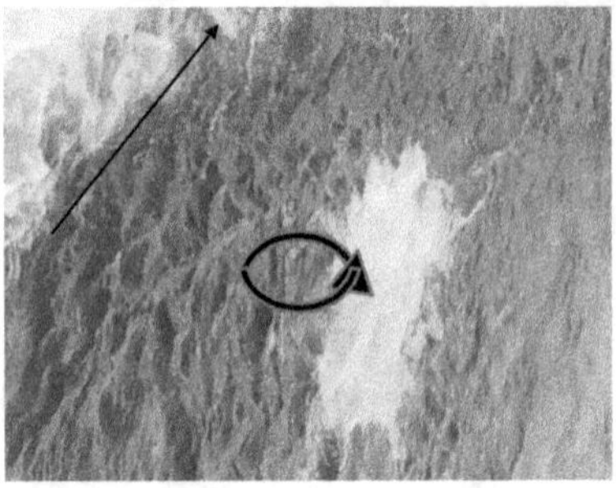

Abbildung 13 „Senkenwirbel"

Die Drehung erzeugt im Gegensatz zur Kollision ein Verbleiben um die Ausgangsposition. Die Bewegung der Drehung ist, wie bereits beschrieben, ein Masse verbindendes Element. Eine Durchströmung eines solchen Ringes oder das Umströmen einer bereits geschlossenen Scheibe, mit einer bereits verknüpften Materie, wie auch Wasser, führt einfach vorstellbar im Mikrobereich zur bekannten Blasenbildung oder Tropfenbildung. Es ist Grundsätzlich, wie zuvor beschrieben, davon auszugehen, dass Kreiswirbel in unserer Milchstrasse, immer auch orthogonal zueinander entstehen. Durch die Nähe zu einer "sammelnden" Masse, die eine beruhigte Zone und durch die Drehung z.B. eine Abwärtsströmung in einem Strömungsfeld produziert, entsteht eine Kegelform, eine elliptische Umlaufbahn, ein Kippen, Pendeln/Schwingen, ein spiralförmiges drehendes „Rad" etc. (vgl. Abbildung 14). Die Strömung um die "sammelnden" Massen kann Ungleichgewichte erhalten. Das "Sammeln" basiert auf der Änderung der einzelnen Materieflussrichtungsvektoren aufgrund der spezifischen Oberflächenstruktur der Masse.

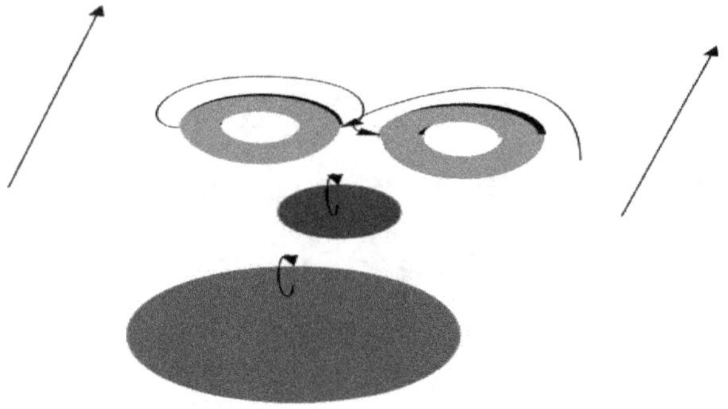

Abbildung 14: Je nach der Beschaffenheit der Oberflächenstruktur und Anordnung entstehen in der Nähe zu einer "sammelnden" Masse verschiedene Formen der Materieansammlung.

Die entstehenden Formen sind, neben der vorherrschenden Strömung, abhängig von den umgebenden Materieelementen bzw. deren Eigenschaft als Reflektoren. Dies gilt in unserer direkten Nähe, auf z.B. einem Fluss, wobei das Ufer als ein Reflektor dient, aber auch Wasserstrukturen, die gewöhnlich streifenartige ,glatte Strukturen bilden und sich als Reflektoren eignen. Bedingt durch die glatte Aufschichtung wird die Wärmekapazität und „Federwirkung" minimiert. Damit wird die Refektionsfähigkeit maximal. Andere Flüssigkeiten, wie Ethanol, Benzol oder Aceton, unterscheiden sich in ihrer Molmasse. Die Oberflächenspannung verhält sich aber nicht in dem Verhältnis der Molmassen. Wenn die einzelnen Moleküle sich aufgrund des klassischen Verhältnisses ihrer Gravitation anziehen würden, müßte sich die Oberflächenspannung als direkte Folge ergeben und sich im gleichen Verhältnis, zumindest über die Gesamtfläche betrachtet, verhalten. Bei Flüssigkeiten wird gewöhnlich eine Abstossung im Nahbereich der Moleküle beobachtet und wogegen diese sich in etwas größerer Entfernung wieder anziehen. Dieser Effekt wird der Wärmebewegung zugeschrieben. Sobald sich diese aufgrund ihrer Massenanziehung verbunden haben, müsste sich die Wärmebewegung synchronisieren. Die verbunden Elemente würden jeweils in die gleiche Richtung schwingen, solange keine elastischen Elemente mittels ihrer Verzögerung ein abweichendes Schwingungsverhalten erzeugen. Unter der Zugrundelegung des quantisierten

Strömungsfeldes ist sowohl die Wärmebewegung erklärbar als auch das Abschattungsverhalten aufgrund der verschiedenen Molekularstrukturen. Es ergeben sich dadurch wärmere bzw. mehr bewegte und kältere bzw. weniger bewegte Bereiche. Die Abstossung im Nahbereich ergibt sich sowohl aus der entstandenen Reflektion des Zusammenstosses als auch aus dem möglichen Schwingungsverhalten der Gesamtstruktur, wobei die äusseren Moleküle abgestossen werden. Die vertikale und horizontale Ausbreitung der Moleküle sorgt bis zu einem gewissen Abstand für ungleiche Umgebungsverhältnisse, die ungleichmässige Kräfteverhältnisse nach sich ziehen. Es entsteht eine zusammenführende Bewegung. Im Bereich der Festkörper ist die Geschlossenheit der Oberfläche maßgeblich. Häufig entsteht diese erst durch Materieverbindungen, z.B. Oxide.

Auch sind sie ein anschauliches Beispiel. Verworfene, verbundene Eiskonstellationen in Verbindung mit kraterförmigen Vertiefungen die als Reflektoren dienen. Die speichenartigen Stege ergeben sich, wie bereits geschildert, durch die radiale umlaufende Reflexion. Mit dem kugelförmigen Zentrum und der Lücke zum ersten Kreisring, ergibt sich in der Aufsicht die aus vielen historischen Darstellungen bekannte Hammerdarstellung (Thor). Somit ist es möglich, dass der in Abbildung 16' sichtbare Reflektor aus einem weiteren großen Kreisring entstanden ist.

Das Flussufer im Großen betrachtet, ist in unserem Sonnensystem, sind die beiden umgebenden Galaxien-Spiralarme und Kuipergürtel, die als Reflektor fungieren. Die pendelnde Milchstrassenbewegung erzeugt zwischen den beiden Spiralarmen Ansammlungen von Materie in Querrichtung. Bekannt ist inzwischen, dass unsere Galaxie in der Vergangenheit einmal von einer kleineren Galaxie durchdrungen wurde. Aus dieser Zeit stammen heute immer noch wirksame Geschwindigkeitsunterschiede und unterschiede in den Bewegungsformen. Es entstand eine weitaus längere Bewegungsform, sozusagen in „Wurstform“. Analog vorstellbar zur sprossenleiterartigen DNS Struktur. Die Abweichung zwischen der Pendelbewegung, der Kreisbewegung , eine daraus folgende Schleifenbewegung und der orthogonalen Rotation aus dem Zentrum der Milchstrasse und dem Sonnensystem, in Kombination mit den Abschattungen durch die kugelähnlichen Weltraum Massekörper lassen die Elipsenbahnen entstehen und bringen Ballungsschwerpunkte mit umgebenden Kreisbahnen zusammen.

Bisher beobachtete strahlenförmige zentrale Materieauswürfe, die auf eine kugelförmige Masseansammlung auftreffen, bilden durch den Aufprall eine schalenartige Aufweitung, wodurch wir, wie bei jeder impulsartigen Ausbreitung in einer dichteren Materieansammlung, zur zuvor erläuterten historischen Gral Darstellung gelangen.

Eine Visualisierung zum Strömungsfeld wird analog zum strömenden Wasser in einem Wasserfall angenommen. Die Kraft spürt der Beobachter nicht, solange er sich mit dem Wasser bewegt. Erst wenn er sich am Aufprallende bzw. der Reflektionsfläche des Wasserfalles befindet oder sich aufrichten möchte, spürt er die wirkende Kraft des fallenden Wassers. Kleinste Teilchen in der Größe von Neutrinos oder kleiner, mögen diese sich später zu Siliziumverbindungen entwickeln, würden sowohl eine schwache Kraft ausüben, als auch in größeren Anhäufungen, eine Lichterscheinung produzieren können. Man vergleiche dazu das Vakuum Experiment des freien Falles indem verschieden schwere Elemente gleich schnell fallen. Unter einer Vernachlässigung der Güte des Vakuum, handelt es sich immer noch um einen Fallen ohne das eine schwere Luftschicht auf die Vergleichselemente eine Kraft ausübt. Naheliegt ist damit, dass diese kleinsten Teilchen einen Impuls weitergeben und sich diese dadurch bewegen. In der Elektrotechnik werden mittels Elektronenverschiebungen Kräfte erzeugt und mit Siliziumverbindungen Elektronen zur Lichterzeugung verwendet. Jeder Wasserspiegel dient als Reflektor. Gasfüllungen sind hingegen durch ihre variierende Struktur nachgiebig und dadurch kein guter Reflektor. Die eingetroffende Kraft wird im Vergleich zum Reflektor absorbiert. Damit lässt sich auch das Schwimmen von Hohlräumen erklären. Die darunter liegende Wasserfläche reflektiert und erzeugt eine entgegen gesetzte Kraftrichtung. Im Hohlraum wirken die variierenden oder nicht vorhanden Impulsaufnehmer absorbierend. Es entsteht keine gerichtete oder nach unten gerichtete Kraft. Es verbleibt eine auftreibende Kraft an der Wassergrenzfläche. Im

Festkörper werden die Impulse über die Gitterstruktur weitergereicht und der Körper ist damit förmlich durchlässig für eine wirkende Kraft.

Man bedenke dabei die hohe Geschwindigkeit mit der wir uns im Weltraum bewegen. Zur Erddrehung kommt die Geschwindigkeit des Sonnensystems und die des Spiralarmes der Milchstrasse. Reflektionen entstehen an verschiedensten Schichten. Die Atmosphäre des jeweiligen Planeten wirkt dabei mit ihrer Materie wie eine Decke die auf ein Wesen bzw. Objekt eine Kraft ausübt. Das Einsinken in diese Atmosphäre ist ähnlich einer Wasserfläche vom Auftrieb abhängig. Der Auftrieb ist solange möglich, bis in einem betrachteten Volumen, die Dichte des betrachteten Körpers der Dichte der Umgebung entspricht. Lose Materieformationen, wie näherungsweise Gas, bilden keinen fokussierten Reflektor. Die wirkende Kraft kann nur bedingt reflektiert und gezielt weitergegeben werden. Luftmolekuele die von den Impulsen getroffen werden und sich ungeordnet bewegen. Damit ergibt sich keine geordnete Weiterleitung und keine geordnete Hülle. Ist die Umgebung ohne Reflektor, wie im leeren Raum, ist keine Abstossung bzw. Reflektion möglich. Die Dichte der einzelnen verbunden Materien wurde von der Streuungslinearisierung beeinflusst. Der Vergleich zwischen den Atmosphären Gewichten bzw. Materiedichten und den bisher definierten jeweiligen Gravitationskräften ist noch eine interessante Auswertung.

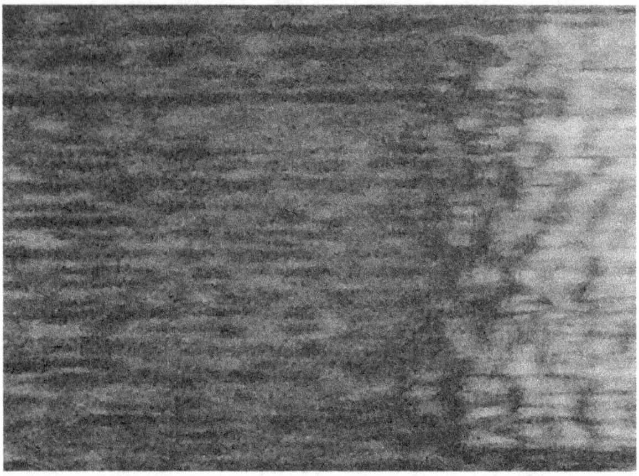

Abbildung 15: Strömendes Wasser im Wasserfall

Die Erdentstehung und andere Festkörper im All kann man sich wie folgt vorstellen.

Im gegenläufigen Strömungsfeld entstehen anfänglich ringförmige Scheibenförmige Materieansammlungen. Dabei kann ein Strömungfeld ähnlich wie in den Saturnringen, durch sich auch aus kreisförmigen materiegefüllten Ringbewegungen entstehen. Eine Kugelbildung kann zwischen diesen unterschiedlich drehenden Saturnringen beobachtet werden. Diese zerbrechen wieder, sobald die umgebende Strömung unangepasste Materieeinflüsse liefert.

Die Kugelform ist eine Materieanhäufung aufgrund der weiteren Ansammlung auf Basis dieser ersten Materieansammlungen in einer Kreisbewegung. Von Aussen in den

Kreisring eintretende Materie wird durch Kollisionen gestreut. Die im Kreisring vorhandene Materie bildet mit höherer Wahrscheinlichkeit eine Reflektionsbarriere. Auch unvollständige Kreisringe oder bandförmige Strukturen lassen sich zu Teilschalen formen. Es entstehen wellenförmige Bewegungen bzw. Impulsausbreitungen aufgrund eintreffender Materie. Die weitergegebenen Impulse bzw. geschobene Materie löst sich am Rand der Scheibe auf der bereits gebunden Materieseite weniger ab als auf der Materiestrom abgewandten Seite. Dadurch kommt es zu rücklaufenden wellenförmigen Bewegungen die dadurch den Kern verdichten. Der identische Effekt bildet sich in der Umfangsrichtung aus. Sobald sich diese umlaufende Ausbreitung entgegengesetzt trifft, kommt es zu Kollisionen und zu einer möglichen Aufstapelung oder Faltung. Vergleichbar mit einer Fächerform. Querströmungen aus der Spiralbewegung verstärken die Verknüpfung. Aufgrund der Wipp-Bewegung der Strömungsquelle kann an den Faltungsstellen eine Art Säulenrand entstehen. Unterstützend wirkt die im allgemeinen vorhandene orthogonale zur Drehachse vorhandene Strömung zur Volumenbildung. Diese berandeten Kreisscheiben dienen als Elementarelemente für die weitere Auffüllung oder aber als Leitungskanal, wie zuvor bei den Schneeflocken beschrieben.

Orthogonal gegenläufige Strömungen, wobei zumindest ein kleinerer Ring in oder über einem größeren Äusseren Ring dreht, bilden eine gute Basis für die ideale Kugelannäherung des entstehenden Volumenkörpers. Ein Kippen nach impulsförmigen Kollisionen lässt den Volumenkörper möglicherweise drehen und bildet die Voraussetzung für einen ausgeglichenen Auffüllvorgang.

Trifft von allen Seiten immer mehr Materie mit durchdringenden Eigenschaften (aufgrund der Partikel Größe und der vorhanden Lücken) in den inneren Bereich baut sich die Struktur weiter aus. Unverbundene Materie mag dadurch in weitere Kreisbewegungen geraten. Die

Wahrscheinlichkeit des Austrittes ist geringer aufgrund weiterer Kollisionen mit anderen Teilchen im Inneren und der resultierenden Streuung. Vergleichbar mit einem Behälter gefüllt mit groben Kies und dem Einfüllen von Sand. Jedoch wird dieser Sand von allen Seiten eingefüllt und dieser sammelt sich aufgrund der Streuung früher oder später in der Mitte. Die homogenere Impulsweitergabe im geordneten Materiegitter führt zur inneren Ruhe, vergleichbar mit einer Abkühlung und wird damit zur Senke, solange keine aktiven Zerfallsprozesse im Inneren entstehen. Auch Einschläge /Impulse heizen den inneren Bereich auf. Hitze im Inneren Bereich, in der Kombination mit einer bereits zumindest in Teilen verknüpften Oberfläche, führen zu einem „Aufblähen“ der Struktur, vgl. mit Blasen. Aus der Oberfläche wird „baumartig“ teilweise Materie hinausgedrängt die wiederum als Verknüpfungspunkte für weitere Verbindungen dienen. Andere Effekte wirken wie bereits beschrieben verknüpfend.

Je nach Senkenmaterie, wie z.B. rein metallisches Material oder Mischungen, ergeben sich verschiedene Strukturen vor der Verfestigung. Es ist davon auszugehen, dass diese Senken sich an ausgeglichenen Überschneidungspunkten von Materieströmungen bilden. Eine daraus entstandene Wirbelstruktur wird aufgrund der umlaufenden Verschiebung in einer gewissen Weise gewellt. In in der Längsrichtung entsteht zumindest in gewissen Bereichen näherungsweise ein Einrollen. Aus dieser Betrachtung läßt sich auch auf den Erdkern schliessen mit seinen heute messbaren Durchgangsstrukturen. Gleichzeitig sind diese Strukturen maßgeblich für die messbare Gravitationsabweichungen oder besser Durchgangs- und Reflektionsstrukturen. Das auf der Erde vorhandenen Wasser, kann alternativ, zu den bisherigen bekannten Theorien, welche Meteorideneinschläge verantwortlich für den Eintrag machen, auch durch ein Wasserstoffwolkenkondensat zugeführt worden sein. Denkbar ist das Wasserstoff als kondensiertes Gas, welches durch radioaktive Zerfälle am Entstehungsort, eine Erhitzung durch Einschläge oder Fusionsprozesse und deren austretenden Strahlung, in seiner Struktur zu Wasser verändert wurde. Hohe Drücke in immer tieferen Wasserstoffschichten und Verdunstungseinflüsse durch die vorhandene können mit der Hilfe von Rotationsbewegungen zu den heute als Sauerstoffverbindungen bekannten H2O geführt haben. Der Prozess sollte mit der Diamantentstehung aus Grafitverbindungen verglichen werden. Auch Wahrschein ist diese Art der Entstehung in freien Materieringstrukturen im All. Ohne eine Vermengung von Gestein mit Wasser ist die Entstehung einer festen Verbindung zu einem

Volumenkörper über einen Schmelzprozess naheliegend. Es ist davon auszugehen, dass sich das Erdmagnetfeld, welches ein Kondensat verhindern würde, sich im Laufe der Erdentstehung verändert hat und somit die erkaltete Oberfläche schutzlos gegenüber Einflüssen aus dem All war, zumal die Sonne in der Entstehungsgeschichte sich noch in der Bildung befand und somit wesentlich niedrigere Temperaturen vorhanden gewesen sein könnten.

Meteorideneinschläge werden für die Erhitzung und das Absinken des Eisenmaterials in den Kern verantwortlich gemacht. Gleichzeitig kann die erste Gaswolke an der relevanten Senke bereits auch aus einem großen Anteil aus Eisenverbindungen bestanden haben, deren Verdichtung oder Reduktion erst aufgrund der Einschläge stattfand.

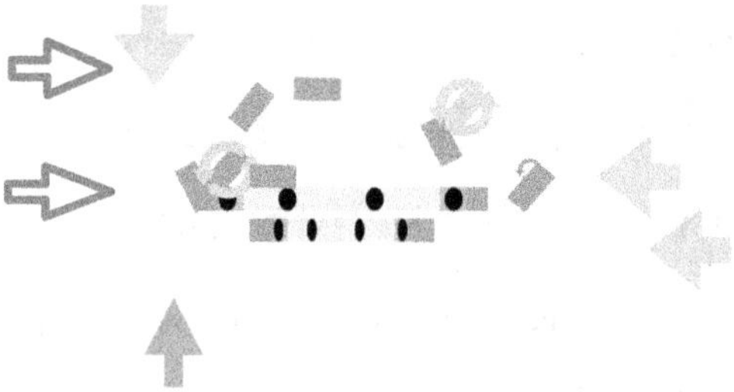

Abbildung 15': Materieansammlung an einer interstellaren Scheibe aufgrund der Reflektion/Aufprall von länglich verketteten Materieelementen.

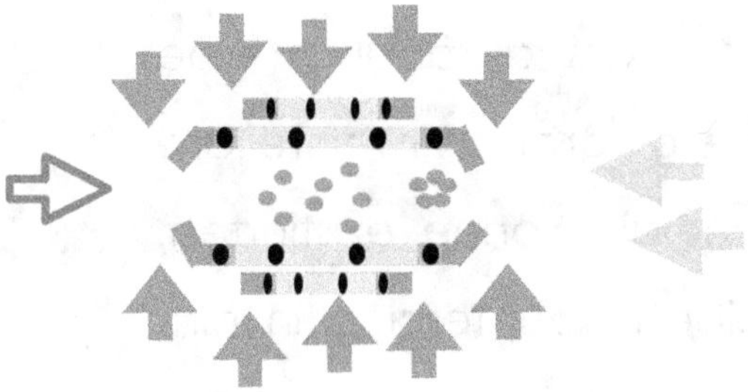

Abbildung 15'': Die Ausgangssituation aus Abbild. 15 ist erweitert und umschliesst nun einen Innenbereich. Das Strömungsfeld hat sich verändert und der Eintritt und die Sammlung feinerer Materie im inneren einer Kreisströmung findet statt.

Den am Saturn beobachtbaren Vorgang der Kugelentstehung zwischen den einzelnen geläufig drehenden Ringen läßt sich auf unserer Sonnensystem übertragen. Es ist somit möglich, dass anfänglich eine oder mehrere große interstellare Scheiben um die Sonne existierten. Diese Scheiben trennte sich in einzelne Ringe und zwischen diesen entstanden alle heute bekannten Planeten. Die Planeten nahmen später die restliche Materie des Scheibenringes auf bzw. räumten ihre Umlaufbahn. Neben diesem großen Ansatz der Kugelbildung, läßt sich mittels einzelner ineinander drehender Kreisringe auch ein ausgeglichener Volumenkörper erzeugen. Ineinander drehende Kreisringe können ihren Neigungswinkel durch Materie zwischen diesen verändern.

Verschiebt sich der Innenrand, wird die Rotation gestört und der Kreisring weicht aus und verändert die weitere Rotationsneigung. Ist die Materie in den Kreisringen bereits verbunden wird sich dieser komplett weiterbewegen. Ist die Materie nicht verbunden, ergeben sich Aufprallzonen die zu einer lokalen Verdichtung führen. Eine Wiederholung dieses Vorganges führt zu einer Ansammlung von Einzelvolumenverdichtungen.

3.5 Big Bang, rotierende Galaxien und Materieansammlungen

Nach dem fundamentalen Prinzip der Energieerhaltung bleibt die Energie im Gesamtsystem, in dieser Betrachtung im Weltall, konstant. Zu einer Quelle gehört eine Senke. Ansonsten würde sich jede Quell- Verschiebung unendlich lange Ausbreiten. Es besteht jedoch kein direkter Zusammenhang zwischen der Quelle und der Senke (man vgl. dazu die Lagrange Formulierung). Aus der Fusion und der Absorption entsteht bis zu einer maximalen Größe „Energie"/ eine Verschiebung. Die Verschiebung kann eine Kettenreaktion auslösen. Im Detail kann sich ein Prozess ereignen. Möglich ist, dass durch das Zusammentreffen ein neuer Raum eröffnet wird. In der Folge entsteht ein Einströmen und eine Reflektion, mit einem folgenden Verschliessen einer Lücke als Fusion. Die Abstrahlung kann neben dem Reflektionsstrahl auch als Entspannen, schrumpfen oder stärker als ein Zerreißen der Materie gedeutet werden. Die Kombination aus einem Zusammentreffen und dem Verlust von Materie kann eine ausgeglichene Materieformation erzeugen. Situationsbedingt rotiert diese mit einem ausgeglichenen Trägheitsmoment und stellt damit das Fusionsobjekt dar. Festere und geschrumpfte Strukturen rotieren schneller. Die schnellere Rotation führt bei Kollisionen zu höheren Beschleunigungen der Kollisionparntner. Der Vergleich mit einem Wirbelsturm ist wahrscheinlich auch in einem Stern passend. Im Fall der Sonne Fall sind mehrere näherungsweise rotationssymmetrische Wirbelstürme anzunehmen. Zwei gegenüberliegende Strömungskanäle können ein Zerreissen der Materie bzw. des Wasserstoffes in der Mitte zwischen den beiden entgegengesetzten „Schläuchen" erzeugen. Neben den zuvor beschriebenen kollidierenden Plasmaströmen ein weiterer Mechanismus zur Veränderung der Materie. Die zerkleinerte Materie wird in Richtung Oberfläche transportiert, abgestrahlt oder anschliessend in größerer Entfernung wieder in Richtung Kern transportiert. Ein Ausfall bzw. mehrere Ausfälle der in der Nähe angeordneten rotationssymmetrischen Wirbel oder von einzelnen Materieelemente kann zur Implosion führen oder zu der Umkehrung der Hülle des Sterns.

In Anbetracht der Sichtweise verteilter Quellen und Senken, ist kein zu erwartendes großes Zusammenziehen („big drop/crunch") und keine unendliche Raumexpansion wie in der Big Bang Theorie beschrieben notwendig. Die mit dem Hubble Diagramm beschriebene beschleunigte Ausbreitung des beobachtbaren Universums, läßt sich durch einen fortlaufenden Impulsvorgang erklären. Jede (Sternen) Aktivität erzeugt eine Wärmebewegung und Teilchen bzw. Strahlenstürme. Dies erzeugt zwangsläufig eine Bewegung aller Objekte. Als Beobachter des Geschehens bewegt sich möglicherweise eine Galaxie von dem Beobachter weg und z.B. die Galaxie hinter dem Beobachter ist langsamer als die eigene. Damit bewegt sich auch diese von dem Beobachter weg. Der Beobachter erhält den Eindruck das Universum expandiert. Nehmen wir nun an, alle Galaxien befinden sich, vergleichbar mit Biliard Kugeln, auf einem Tisch. Stosse ich nun eine Galaxie in seiner Bewegung wenigstens zweimal an, erhöht sich deren Geschwindigkeit gegenüber der Bewegung zuvor.

Alle äusseren Galaxien auf dem virtuellen Tisch haben, aus der Sicht des Betrachters, der sich damit im Zentrum des Geschehens sieht, eine höhere Wahrscheinlichkeit mehrmals in ihrer Bewegung angestossen zu werden, falls dieser Stoss oder Impuls aus der Mitte heraus entstanden ist. Rotationen dieser Galaxien in der Beobachtungsrichtung erzeugen einen weiteren sich entfernenden Bewegungseindruck. Das Hubble Diagramm (Geschwindigkeit, Entfernung) lässt sich somit anwenden. Vorsicht ist bei der Entfernungsmessung durch einen Helligkeitsvergleich der betrachteten Objekte geboten. Die Leuchtkraft ist direkt abhängig von der Füllung des Zwischenraumes. Eine unbekannte dunkle Materie würde diese verändern und nicht vergleichbar gestalten. Bisherige Modelle dazu zeigen keine homogene Verteilung der unbekannten Materie. Daneben sind nachträgliche Veränderungen der Helligkeiten, etwa durch eine Masseabgabe in einem Doppelsternsystem zu beachten. Auf einem weißen Zwerg kann eine Fusion nach einer solchen Massezuführung bzw. Abgabe wieder aktiv werden. Dies hat eine Veränderung der Helligkeit zur Folge. Neben den rein physikalisch begründeten Helligkeitsschwankungen besteht bei einer manuell erstellten Helligkeitskartierung die Gefahr, der verzerrten optischen Wahrnehmung durch den Betrachter. Ein betrachteter Stern wirkt für den

Menschen heller wenn er von kleineren, schwächer leuchtenden Sternen umgeben ist. Betrachtet man hingegen das umgekehrte Größenverhältnis, erscheint es umgekehrt. Dieser Relativeffekt entsteht erfahrungsgemäß im menschlichen Gehirn, vermutlich um die Konzentration auf ein Ziel zu erhöhen.

Eine der ersten Beobachtungen mit dem Hubble zur Rotverschiebung und der dadurch abgeleiteten Ausbreitung des Raumes, stellt bei der ersten Betrachtung kein Widerspruch dar. Jede bewegte Galaxie steht in der Wechselwirkung zur umgebenden Dichteverteilung. Die Raumdichteordnung, d.h. Zonen mit dichteren und weniger dichten Zonen, als Struktur betrachtet, nimmt zu. Vorstellbar ist dies als Furchen oder eine Kugel die über eine Wasseroberfläche gleitet. Durch die Verdrängung des bewegten Objektes bilden sich Längswellen, die die Voraussetzung für den optisch wahrnehmbaren, länger frequenten sichtbaren Effekt bilden, die entsprechend zu dem für uns wahrnehmbaren rötlichen Farbspektrum führen. Zu bedenken ist dabei, dass durch die zunehmende Entfernung, der Betrachter vom Objekt, dieser vornehmlich einen flacheren Betrachtungswinkel einnimmt, und damit der rote Farbeindruck dominiert. Gleichzeitig bieten diese „Erhöhungen" wieder eine Spiegelfläche. Ähnlich einem Spiegellabyrinth wird eine Lichterscheinung möglicherweise mehrfach gespiegelt und eine genaue Längenbestimmung des zurückgelegten Weges wird schwierig. In jedem Kristall kann dies auftreten, mit der Folge das Wellenlängen durch ein Überlagerung verändert werden.

Zu bemerken ist dabei, dass auch jedes drehendes Objekt diese Erscheinung zeigt. Die „Krümmung des Raumes" ist, feiner aufgelöst, eine Dichteordnung (vgl. die Streuungslinearisierung) der Einzelelemente durch die Wechselwirkung zwischen bewegten Materieelementen. Der Begriff zur Krümmung wäre richtig, wenn es sich um eine fest verbundene Materie handeln würde. Ansonsten ist der Dichteänderung passender. Feste Objekte im Raum verfügen über eine höhere Dichteordnung. Die Sonne als Beispiel, verfügt über eine geringere Dichteordnung als die Erde. Die direkt umgebende Dichte entspricht der Neigung zum Zentrum des Sonnensystems. Aus dieser Richtung betrachtet ergibt eine obere Abflachung an der Polstelle und an der unteren Polstelle einen verlängerten Wirbel. Die Form ähnelt einer Lyra. Die Ausprägung der Wirbel bzw. Verlängerungen sind wahrscheinlich zeitlich hintereinander einzuordnen. Aufgrund der nicht symmetrischen Form der Milchstrasse und ihrer Drehung kommt es zu verschiedenen Anströmungen. Vorstellbar ist dies mit dem Aufbau einer Sandbank aufgrund der im Laufe der Zeit vorherrschenden Windrichtungen. Die Sonne nähert sich einem ausgeglichen Zustand an, solange es nicht zur Explosion kommt.

Alleine der Vergleich zwischen den Größenordnungen der Sonne und der Erde zeigt, wie relativ gewaltig eine Explosion der Sonne auf der Erde empfunden werden würde. Die Frage der vollständigen Entstehung des Weltalls, durch eine Explosion kann stark bezweifelt werden. Besser vorstellbar für die Entstehung des Weltalls ist eine beliebige Verteilung der ersten (Gas)-Elemente. Der Anstoß (Impuls) eines Elementes, dass auf ein anderes trifft oder die Trennung zweier verbundener Elemente, ähnlich dem radioaktiven Zerfall, hatte eine Verschiebung zur Folge.

Ist diese Verschiebung an mehreren Stelle entstanden, ergab sich zufällig eine Strömung, wie zuvor beschrieben, aufgrund derer sich Masse bündelte. Die Grenze zur Fusion würde durch mehrere gut positionierte Verschiebungen überschritten werden können. Einzelne Verbindungen entstehen. Sobald eine gelungene Fusion gestartet werden konnte, entstehen durch die verstärkt erzeugte Strömung weitere, mit den bekannten Folgen. Sterne entstehen. Normalerweise kommt es im ausgeglichenen Zustand zur Beruhigung. Es entstehen die bekannten Lebenszyklen der Sterne mit bekannten Explosionen. Eine weitere mögliche Folge ist als besonders große Supernova denkbar, die als ein „Urknall" von vielen angesehen werden kann. Der Urknall wird in dieser Betrachtung lediglich als Explosion gesehen- nicht als das Ereignis zur Entstehung des Raumes, aller Materie und der Zeit. Es erscheint nicht nachvollziehbar, wie die gesamte entstandene Materie sich entsprechend dicht in einem Ausgangspunkt befunden haben. Die dichteste bekannte Materie heute, befindet sich in einem Neutronenstern. Müsste sich diese dichtere Materie nicht zumindest an gewissen Orten noch wiederfinden? Auch eignet sich ein Zusammenstoß von extrem großen Materiekörpern wie dies sehr wahrscheinlich in unserer Milchstrasse geschah als Urknall. Es erscheint dem Author in der bisherigen Betrachtung nicht schlüssig, dass nach der Entstehung, aus Wasserstoff-und Heliumatomen, auch lokale Verdichtungen entstehen, die die heutigen Galaxien abbilden. Auch fehlt die Begründung für die Entstehung von besonderen Formen ohne eine wirkende Struktur. Grenzen bilden Strukturveränderungen. Eine Galaxie in der Form eines Nebels enthält davon weniger als Galaxien mit ausgeprägten sichtbaren Formen. Grenzen werden im einfachsten Fall durch Wasserstoffelemente, vorstellbar als Bandstruktur, erzeugt. Damit ist davon auszugehen, dass Galaxien mit ausgeprägteren Strukturen mehr Wasserstoff enthalten, als diese mit homogenen Strukturen. Wie sollten homogene, immer gleiche erste Elementarteilchen wie zum Beispiel Protonen, Neutronen und Elektronen nebst ihrer Antiteilchen aus dem Quark-Gluonen-Plasma ausfrieren? Ein Plasma ist wird als ungeordnete Masse verstanden. Im Falle der Kombination sind die einzelnen Verbindungen dem Zufall überlassen. Möglicherweise gewinnen Teilchen an belegtem Volumen, wenn diese ausfrieren und würden sich so wiederum mit anderen Teilchen verbinden. Es entstünde niemals eine immer gleiche Kombination z.B. aus

Protonen und Neutronen. Gab es dazu verschiedene

sstrukturen, d.h. zum z.B. eine Schablone die immer gleiche Strukturen erzeugt? Neutronen könnte man sich als z.B. als „Donatform" vorstellen und das Proton als den Inhalt. Damit wäre ein geordnetes lösen denkbar aber dies entspricht nicht dem Kerngedanken eines Plasmas. Der zeitlich nach dem Urknall später angenommene Temperaturabfall auf ca. 3000 Kelvin und das bisher beschriebene Zusammenfinden der Atomkerne und Elektronen zu Atomen, müßte auch einem ordneten Mechanismus folgen. Wieso sollten sich bei abnehmender Bewegungsenergie jeweils Protonen und Elektronen gruppieren? Wie kommt z.B. das Neutron in gewissen Elementen zwischen die Protonen und Elektronen? Vorstellbar als Materie und Antimaterie. Würde sich dies nicht auslöschen? Möglich ist die Änderung des Volumens. Das Auslöschen ist wiederum kaum vorstellbar. Realistischer ist der Vorgang ähnlich einer Gießform mit einem positiven und negativen Matrizenanteil. Eine Kante wird von einer Einkerbung überdeckt. Ein Auslöschen geschieht durch Abstrahlung, ein Platzen, ein Zerbrechen d.h. durch ein Zerfall in feinste Teilchen. Eine Blasenform bildet einen abgegrenzten „auslöschbaren" Innenraum der plötzlich in sich zusammenbrechen kann. Dieser Unterschied würde diesen zum reinen leeren Raum abgrenzen, der durch eine Verschiebung verändert wird.

Vorstellbar sind kugelähnliche, fortsatzbehaftete, über eine Verbindung verknüpfte Materiekörper, die sich dadurch weiter verwickeln aber dies würde keine Unterscheidung zwischen Protonen und Neutronen bieten. Besonders unter der bisherigen Behauptung, dass sich beide im Raum nach dem Urknall befunden haben und Protonen und Elektronen sich aufgrund ihrer unterschiedlichen Ladung direkt anziehen. Unter der Annahme einer plötzlich entstehenden Anziehung der beiden entgegengesetzt „geladenen Teilchen", wäre es nicht realistisch, dass ein Proton vollkommen von Elektronen oder Neutronen überzogen oder durchsetzt wäre, anstatt auf bekannte Einzelkombinationen, wie wir sie kennen, zu treffen? Dies erscheint nicht realistisch. Realistischer ist ein umgebungsbedingter (Temperatur/Druck-Änderung) allmählicher entstehender Freilauf der Protonen in einer neutralen Materie. Die Umgebung erzeugt Strömungen die wiederum sich auf die Materiezusammenfügung auswirken. Die Bewegung bleibt erhalten, solange die wirkenden Kräfte angepasst sind. Somit ist es wahrscheinlich, dass die ersten feinsten Partikel auch nur feinste Partikel formieren konnten. Grössere Partikel entstehen erst wenn diese ersten Strukturen sich verbunden haben. Gleichzeitig führt diese Überlegung zu immer dem gleichen Aufbau von Materie und in jedem Materieaufbau finden sich entfernungsversetzt alle umliegenden Einflüsse. Dieses Zusammenspiel von einem zuerst homogenen Raum mit Teilchen durchsetzen Raum und einer anschliessenden Störung, die eine Verschiebung erzeugt läßt sich als Vorstellung unter dem Titel „Homogenitätstheorie“ zusammenfassen. Es genügen zufällige Zerfälle oder Verschiebungen um verbundene Strukturen zu erzeugen. Wie bei einer Lotterie genügt die richtige Kombination in Milliarden Jahren um eine dazu brauchbare Strömung zu erzeugen. Die Ausrichtung der Strömung ist einfach nur durch die zufällige Anfangsrichtung vorgeben. Es entsteht wie bei einem Domino Spiel eine Impulsausbreitung bzw. der Verschiebungen. Auf der entstanden Bahn (vergleiche liegende Dominosteine) kann durch das geänderte Schwingungsverhalten sich andere Materie besser ausbreiten.

Ein besonderes Ereignis ist auch in der Erdentstehung denkbar. Neben dem Mond als Überbleibsel einer Erdkollision, ist Eris ein Kandidat für Erdgestein. Der festgestellte Methangehalt könnte auf eine bakterielle/biologische Herkunft, in Kombination mit einem durch nukleare Aktivität sich erwärmenden Innenklimas, hindeuten. Ansonsten müßte der Methanausstoß bereits beendet sein. Gleichzeitig verändert der Ausstoß des Gases das Bewegungsverhalten. Eris erfährt dadurch eine Beschleunigung. Die verhältnismäßige starke Bahnneigung steht im Verhältnis zu den weiter auseinander befindlichen Wendepunkten. Wie bei allen Materieansammlungen ist die Reflektion abhängig vom Aufbau und der Struktur des Materiekörpers. Die Umlaufbahn anderer Objekte wird durch die Reflektion an dieser Struktur beeinflusst und zeigt sich in ihrem Umlaufverhalten bzw. der Umlaufbahn. Ein ausströmendes Gas reflektiert anders als eine Gesteinsschicht. Interessant ist die Betrachtung ob Eris als der bisher immer noch nicht zugeordnete Weihnachtsstern bei Christi Geburt in Frage kommt. Seine ca. 550 Jahre dauernde Umlaufbahn in unserem Sonnensystem könnte sich in diesem relativ kurzen 2000 Jahreszeitraum verändert haben. Gleichzeitig ergibt sich, in dem bekannten Teil des Sonnensystems, durch die Existenz von Eris ein Element des gesuchten „Pendelsystems“. Pluto nimmt ebenfalls eine schräge Umlaufbahn im Sonnensystem ein. Das Sonnensystem an sich ist weitgehend stark geneigt zur Achse der Milchstrasse. Eine Entstehung durch eine Frontal-Kollision mit anschliessender seitlichen Ausbreitung ist denkbar. Die Umlaufbahn z.B. der Erde wird damit schräg durchquert. Damit kommt es zu einer wechselseitigen Abschattung die zur Pendelbewegung beisteuert. Verschiebung der Konstellation bzw. Winkelstellungen im Sonnensystem, noch in der Zeit der Lebensentstehung auf der Erde ließen sich, als gewagte These, am Beispiel der Pupillenform der Augen ableiten. Der beeinflussende grosse Rotationskörper im Zentrum der Milchstrasse, vorstellbar als Rad bzw. Doppelrad, ergäbe in der Abbildung, je nach Winkelstellung, eine runde Pupille oder eine Schlitzform der Pupille. Es ist sehr wahrscheinlich, dass jede Lebensform auf der Erde aus diesem strömungsbeeinflussenden Abbild herleitbar ist. Dies passt wiederum zur kirchlichen Darstellung zur Wiege des Lebens.

Eine grosse Explosion, ausgelöst durch eine Wasserstoffexplosion, benötigt als reaktives Element Sauerstoff. Die Entstehung von Sauerstoff aus biologischen Reaktionen ist denkbar. Diese Betrachtung erscheint jedoch zu einfach. Der bereits aufgegriffene Gedanke zum Urwasserstoff würde mittels der Einwirkung von mechanischen Kräften heute uns bekannte Formen annehmen. In der Folge entsteht Helium als „größere" Verbindung von Wasserstoffelementen. Das ausgeglichene Rotieren der Verbindungen, im Bezug auf die Trägheitsmomentverteilung mit dem Bezug zur Drehachse, bildet dabei einen stabileren Zustand. Die Rotation wird gleichmässiger. Der abgegebene Impuls im Falle eines Stosses ist verhältnismäßig schwächer und erzeugt damit weniger Impulsmischformen. Die Anregung wird homogenisiert und die Streuungslinearisierung wird wirksamer. Elemente zwischen den rotierenden Elementen, erhalten dadurch ihre charakteristische Form. Der Einfluss eines Reflektors, wie die Oberfläche eines Planeten, wirkt sich auf die entstehende Form aus. Ein Sauerstoff Element wiederum wurde in dieser Betrachtungsweise (abgesehen von der biologischen Entstehung durch Pflanzen bzw. Bakterien) als eine lanzenartige Kombination von Helium mit Kohlenstoffelementen angesehen. Denkbar ist die Ausprägung der Spitze als Durchtrittsbahnen von kleineren Teilchen, die sich in der Mitte der kreisringähnlichen Anordnung treffen und durch die Kollision in Querrichtung (orthogonal) auswachsen. Man vergleiche dazu die Spitze einer Krone. Aufgrund der verschiedenen Temperaturverhältnisse ergibt sich gewöhnlich eine einseitige Ausprägung. Jede bereits weiter verfestigte Struktur zum Beispiel, ergibt einen Reflektor, der zur einseitigen Ausprägung führt. Der Sauerstoff wäre damit ein Folgeelement und nicht plötzlich dazugestossen, um in dieser Verbindung eine Explosion zu erzeugen. Eine mögliche Instabilität oder grosse Verschiebung ist eher denkbar durch die instabile Verknüpfungsart der Einzelelemente. Denkbar ist, dass ein oder mehrere Wasserstoffkegel bzw. Röhren auf dem stabförmigen Ende/Spitze des Sauerstoffelementes rotieren und eine unregelmäßige Struktur aufweisen. Alternativ ist die Zusammensetzung in jedem einzelnen Element vorhanden und diese formen gemeinsam ein symmetrisches Gebilde. Ein längliches angehobenes Materieform bildet zumindest eine Struktur mit zwei Enden. Der zuvor beschriebene Kreisringausbruch, die gebogene Hammerform, würde auch zwei freie Enden verbunden mit einem Mittelteil erzeugen. Zwei dieser Elemente können sich Wiederrum verhaken und aufgrund der Erdrotation drehen. Betrachtet man diese beiden verhakten Elemente aus verschieden Richtungen ergeben sich je nach der Überdeckung unterschiedlich viele Enden, die dem Wasserstoff H2 und bekannten Isotopen, z.B. H3 entsprechen. Mit Abstand betrachtet, ist die Wahrscheinlichkeit höher, dass Wasser nicht aus der bisher definieren Form aufgebaut ist. Wenn der Raum mit diesen Elementen ausgefüllt ist, könnte es aufgrund einer linearisierten Ausrichtung zu in einer Kette kollabierenden Reihe von Hohlräumen kommen. Im Umkehrschluss zum ausgleichenden Vorgang der Trägheitsmomente ergibt sich bei Kohlenstoffverbindungen, wie z.B. CO2, eine unstetigere Bewegung im Vergleich zu einer reinen Stickstoffumgebung. Unter der Zugrundelegung des eingeführten Modells zum Sauerstoffaufbau als feinste Baumwollartige gewickelte Anhäufung auf einer Pinsstruktur und dessen Verbrennung bzw. Oxidation ergibt sich eine Rest- Kohlenstoff-struktur die je nach Verdichtungs-grad eine einseitige reflektierende Eigenschaft aufweist. Vorstellbar als ein winziger Diamantstecker. Durch den Bewegungsvorgang in Verbindung mit der den Masseverhältnissen ergibt sich eine Bewegung die als Temperaturerhöhung gemessen werden kann. Die Frequenzveränderung des einfallenden Lichtes ergibt sich damit weniger aus einer neuen Verknüpfung der Materie als aus einer geeigneten Reflektion im Oxidationsprodukt. Den durch die Zunahme von CO2 festgestellten Beitrag zur Klimaerwärmung, in der Erdatmosphäre, ist bekannt. Aus dieser Betrachtungsweise entsteht eine weitere Möglichkeit zur CO_2 Reduktion.

Eine vollständige Explosion des vorhandenen Urraumes, im Bezug zu einem Urknall, würde am Aussenbereich des Explosionszentrum typische Muster als Abbildung der Urform erzeugen, die bisher nicht erkennbar sind. Schattenwürfe, durch andere im Raum vorhandene Materie, wären aufgrund der umgebenden Leere in dieser angenommen frühen Phase noch nicht vorhanden. Die bekannte Hintergrundstrahlung wird gewöhnlich als homogen dargestellt. Unterlegt man die Vakuumfluktuation des Universums, die gelegentlich bildlich als Blasenstruktur dargestellt wird, muss man feststellen, dass ähnlich wie bei einer Seifenblase, zu erwarten wäre, dass diese immer an einem Punkt einreisst und sich ringförmig auflöst oder sich ringförmig gebildet hat. Entgegen dieses physikalischen Vorganges, fehlen nun diese zu erwartenden ungleichmässigen und doch strukturierten Materieverteilungen.

Die Hintergrundstrahlung deutet mehr auf eine Summe von zeitlich verschiedenen Explosionsüberresten (Supernovas) hin. Auch läßt sich diese Verteilte Strahlung nicht auf eine Singularität eindeutig zurückrechnen. Somit verbleibt die Annahme des verteilten Quellen und Senkenfeldes. Selbst die Annahme von

Lichtteilchen und deren Ausbreitung durch einen Impuls, führt, je nach Anordnung der Impulsträger, zu verschiedenen Ausbreitungsgeschwindigkeiten und damit zu verschiedenen erreichten Entfernungen.

Aufgrund der verteilten Strömungsfeld-Quellen-Situation, existiert genau betrachtet die für die Satellitenanwendung wichtige ungestörte Lagrange- Umlaufbahnstabilität nicht. Erklärt wird es damit, dass eine homogen durchströmte Umlaufbahn nicht der realen Situation entspricht. Jede Bewegung der Objekte im All wird durch einen Schattenwurf zwischen den Sternen und den anderen Objekten beeinflusst. Dies hat einen Einfluss auf die Rotationsgeschwindigkeiten und Bahngeschwindigkeiten. Bekannte Differenzen zwischen bisherigen Berechnungen und tatsächlichen erfassten Umlaufzeiten könnten sich hieraus ermitteln lassen. Die beobachtete Expansion des Weltraumes läßt sich auf mehr oder weniger beschleunigte Bewegungen zurückführen, die sich aber nicht unbedingt in einer Richtung ausbreiten müssen.

Gleichzeitig existiert dadurch auch keine geschlossene analytische Lösung zur Berechnung möglicher Umlaufbahnen.

Aufgrund der unterschiedlichen strömenden Quellen und Richtungen können die registrierten entgegen-gesetzten Rotationsrichtungen der Galaxien verstanden werden. Die von der Quelle erzeugte Verschiebung wird durch die transportierte Masse und Abstrahlung übernommen, um die Energie Äquivalents zu erfüllen. Je nach der initiierenden Charakteristik der Verschiebung bildet sich eine Fortsetzung der Verteilung oder dem Konglomerat. Als Quellen eignen sich die stärksten Strahlungsquellen der jeweiligen Galaxie. Die äussere Abstrahlung hält die Bewegung, z.B. unseres Sonnensystems, aufrecht.

In Anbetracht dessen, dass das Strömungsfeld wegen der verteilten Quellen aus verschiedenen Richtungen kommt, der sich ergebenden Drehung, der Bindungskraft im allgemeinen und der kompensierenden Wirkung (fehlende Reflektion) an allen Rändern, ist die resultierende geometrische Formation die Annäherung an die Kugel. Unsymmetrische Materieanhäufungen oder auch unsymmetrisches Kernmaterial erzeugen andere geometrische Materiebündelungen wie z.B. Spiralformationen. Die zusammengeführte verbundene Materie ist, bei entsprechend angepasster aktivitätsfreier, reflektionsarmer Impulsdurchleitung, richtungsabhängiger Streuung oder Impulsweitergabe frei von ausdehnenden Kräften (Abb. 4), besonders wenn die geometrische Form der Materialien geeignet ist, zeitweilige Freiräume dazwischen zu verdichten. Es ergibt sich eine relative „Unsichtbarkeit". Rechtecke, Dreiecke eigenen sich, Kreise hingegen eignen sich nicht wirklich, um die Lücke dazwischen vollständig zu schließen, kleinere Kreise können immer nur die Lücke ein wenig besser ausfüllen aber nicht beseitigen. Somit versteht sich der Charakter der Kreiszahl Pi als ein unendlicher Erweiterungsfaktor für die einzelnen Kreisflächen und entsprechenden Umfängen. Im Gegensatz dazu, bilden Strukturen die den Primzahlen folgen, geschlossene Formen mit gebündelten einheitlichen Impulsreflektionen (gerichtete Form). Die Einheitlichkeit entsteht durch die sich wiederholenden Längen und Winkel der sich bildenden Polygone, wobei die Anzahl der Ecken/Enden der Primzahl entspricht und in der Materie-Formation als die typischen Kristallformen bekannt sind. Bei der Kugelform, die der Zahl Eins entspräche, ergibt sich bei einer Verschiebung aus dem Mittelpunkt und auf der Oberfläche eine einheitliche Reflektion. Die perfekte Kugelform ist jedoch, u.a. aufgrund des unsymmetrischen Milchstrassenzentrums, in der Natur nicht vorhanden. Aus der Primzahl Zwei lassen sich Stäbe zu einer Fläche und zu einem Zylinder ergänzen. Die Zahl Drei bzw. drei verbundene Punkte, bilden ein Dreieck und in der Volumenform die Pyramide. Die Wahrscheinlichkeit ist höher, von drei nebeneinander angeordneten Stäben, die von einem

Impuls beaufschlagt werden, dass diese durch die ausgelöste Verschiebung ein Dreieck bilden. Der mittlere Stab wird, im Gegensatz zu den Randstäben, von zwei Schrägrichtungen getroffen und verschiebt sich damit weiter als die beiden anderen. Der Knotenpunkt oder das Zusammentreffen von mehreren Kanten von angeordneten Polygonen stellen eine Ausrichtung oder ein Fokus dar. Die Komprimierung ist aus verschiedenen Richtungen möglich. Neben dem Zusammenschieben von Kanten, entsteht auch eine Verdichtung, die auf die Ecke eines Quaders wirkt (Wabenform). Das Sechseck bzw. einzelne dies bildende Dreiecke, bieten in der geordneten Anordnung, eine vollständig geschlossene Fläche und gleichzeitig eine stabile Bauform für verschiedenste Strömungsrichtungen. Ergibt sich im Falle der Stabbündelung ein Längenunterschied, bildet dieser einen Winkelüberstand, d.h. ein Stab Paar ist nicht direkt am abschließenden Ende verbunden. Dieser Überstand erzeugt gleichzeitig die Möglichkeit aus verbundenen und einzelnen Stäben die nächste Stufe, das Dreieck, und ein Kristallgitter zu erzeugen. Es genügt bereits eine Abweichung durch eine Elementverbindung, um als Stapelstütze oder Aufhängungspunkt für ein weiteres Materieelement zu dienen. Die Konstante in der Differentialgleichung spiegelt diesen Überstand. Ein Durchtritt durch ein Gitter ist möglich, wenn das durchtretende Element mindestens der Durchtrittsöffnung entspricht. Die Differenz muß um die Gitterbreite verringert sein. Auch eignen sich geöffnete Ringformen zur Bildung von dachförmigen Formen. Werden diese Ringe wiederum von Ringen umschlossen reduziert dies die Durchtrittsmöglichkeit. Im Gegensatz dazu ist der Quader relativ ungerichtet. Ein fugenloses Zusammenbündeln stellt einen höheren Widerstand im Strömungsfeld dar. Die Konstellation löst sich durch ein schichtweises Abdrehen der Einzelelemente am schnellsten auf (Kettenreaktion).

Bei Zahlen bis 1000 ergibt sich ein ca. Verhältnis von 80/20 für Primzahlen. Diese 20% der Fokussierung wären als gerichtete Materie anzusehen, in dieser Auslegung als Materie, die gerichtet von kleinerer Materie durchdrungen bzw. diese geleitet wird. Es wird davon ausgegangen, dass unendlich viele Primzahlen vorhanden sind. Negative Primzahlen finden in der Natur keine Entsprechung. Dadurch kann die gerichtete Größe nicht kompensiert werden (vgl. Antimaterie). Es ergibt sich, ähnlich den Kreisen, keine lückenlos geschlossene Fläche wenn alle Elemente als identisch und gleichgerichtet angenommen werden. Beim 2D Auftragen dieser Primzahlen und anschliessenden rotieren ergibt sich ein sich aufweitender Schlauch (siehe auch Riemann Hypothese). Damit kann eine kreisrotierende Materiebewegung in eine Vorzugsrichtung gedrängt werden (kontinuierlich oder in Intervallen).

Die äußeren Komponenten der Strömungskräfte bewegen sich in die entgegengesetzte Richtung und bilden Scherkräfte bzw. einen Wirbel. Beidseitig umströmte äußere Bezirke komprimieren die Inneren Bezirke bei jedem zusätzlichen Einfluss. Das Erscheinungsbild zwischen komprimierten Volumenkörpern, z.B. Blasen, Ovalkörper, variiert stark, je nach Ausgangsform, Ausrichtung und Verdichtungszunahme (z.B. die inverse Fibonacci Entwicklung). Die Kompressionskraft ist wirksam. Dieser Mechanismus ist hauptsächlich verantwortlich für die Bildung von Materie „Konglomeraten" (Vergleiche Abbildung 4). Die Materieansammlungen stören den Fluss des Strömungsfeldes und zwingen andere Materie, die ursprüngliche Trajektorie/ Umlaufbahn zu verlassen. Die horizontale Kraftkomponente, in Bezug auf die Fließrichtung, ist, näher an einem relevanten Materie „Konglomerat", stärker gebremst oder verringert. Umgekehrt kann durch eine Materieverbindung die wirkende Kraft an dieser Stelle stärker werden und damit die Materie abtransportiert werden (Hebel). Eine Aufweichung von wasserlöslichen Kristallstrukturen ist so vorstellbar. Aus dem umgekehrten Effekt, dem Aufwickeln bzw. Drehen von Kristallisationskernen in der Lösung/Flüssigkeit läßt sich die innere Feinstruktur von Kristallen erklären. Die Kanten des am Anfang kleinen Kristallisationskernes werden durch längere Strukturen überbrückt. In einer radial zum Erdkern gerichteten Gravitationskraft, gäbe es keinen Auslöser für eine Drehung der symmetrischen Kristallisationskerne, z.B. eines Würfel oder besser zweier über die Eckkante aufeinander gepresster Würfel, solange eine äußere Kraft nicht überwiegt. Temperaturwechsel verstärken das Kristallwachstum. Innere Strukturen werden verdichtet und größere Lücken entstehen zwischen den ausgebildeten grösseren Strukturen. Bekannte Beispiele sind sich im Temperaturwechsel verändernde

Schneeflächen. Die möglicherweise Anfangs fein kristalline Struktur verändert unter den Temperaturwechseln (Einschmelzen) zu gröberen kristallinen Strukturen. Den gleichen Effekt zeigen Kristallkalotten im zeitlichen Abbild der inneren Kristallstrukturen von feinen Strukturen bis zu den großen, zur Mitte der Kalotte geneigten Kristallen. Dabei durchdringt oder sammelt sich ähnlich dichte Materie in gleichen Ebenen vergleichbar mit einem Sediment. Die Durchdringung kann entsprechende Hohlkanäle hinlassen. Die unterschiedlichen Materien zeigen die entsprechenden Farben.

Ein offensichtlicher analoger Effekt zur Ablösung und Anlagerung kann täglich in einem fließenden Fluss hinter jedem Felsen oder Brückenpfeiler beobachtet werden. Es sammelt sich Material wie Sand und Kies auf der Rückseite dieses Materie "Extremum" an. Gleichzeitig entsteht ein Materieminimum, in der Mitte zwischen zwei solchen Pfeilern, da die Randströmung am Rand abgebremst wird und zum Pfeiler abgelenkt und reflektiert wird. Zu beachten ist dabei der Unterschied zwischen der Bodenströmung und der oberen Strömung. Der Unterschied zwischen diesen Randströmungen löst eine weitere orthogonale Überlagerung aus. Diese ergibt sich zu einer am Rand aufsteigenden Spiralströmung, die in der Mitte sich wieder nach unten bewegt. Damit entsteht Richtung Mitte wieder eine Druckerhöhung. Diese Verhältnisse sind immer abhängig vom den Dimensionen der Reflektoren, dem Abstand dieser, als auch der strömenden Materie.

Auch eignet sich unsere drehende Sonne als solch ein „Pfeiler“. In der Gesamtrotation der Milchstrasse zeigt sich diese Position weiter als eine Rotation. Die Schrägstellung der Saturnringe sind neben den bereits erwähnten Reflektionen sicherlich auch auf einen „Sonnenkanal“ zurückzuführen. Die Reflektionen bilden sich aus verdeckten inneren Strukturen und den sichtbaren Gesamtkörpern. Es ist anzunehmen, dass die „Kugel“ des Saturn über mindestens zwei größere durchlässigere Strukturen verfügt. Diese durchlässigeren Strukturen können zu Materieverlängerungen im Verhältnis zur „Kugelform“ führen. Diese Verlängerungen bilden sich zeitlich hintereinander, je nach Strömungsfeldeinfluss. Bildet sich dies im Laufe der Planetenentwicklung an einer Polstelle zeigen sich sichtbar Kanten oder Eckpunkte. Möglicherweise wird diese Austrittsstelle auf der Oberfläche des Planten umwirbelt. Die Kombination aus beiden Elementen führt vermutlich zu dem auf dem Saturn gut sichtbaren Polsturm mit der kombinierten Fünfeck- oder Sechseck ähnlichen Struktur.

Ein <u>Materie Extremum</u> kann ein Schwarzes Loch oder mehrere, vergleichbar mit einer „Kegelform“ sein. In der Milchstrasse erzeugen die zwei ungleichen gegeneinander drehenden zentralen Rotationsköper und die quer dazu beeinflussende Masseansammlung vorstellbar eine Art verdrehten <u>schraubenförmigen</u> Materiestrom. An einer Stelle wäre diese ableitbar jedoch durch die entgegengesetzte Drehrichtung der beiden Rotationskörper unterbrochen und bildet dadurch <u>schalenartige</u> Materieansammlungen bzw. Strömungen. Unabhängig von der Milchstrassenkonstellation sind Reflektionsflächen im Bezug auf die einwirkenden Kräfte nicht ausgeglichen, solange es sich nicht um ein symmetrische Form handelt. Das Materie Extremum fungiert für das Strömungsfeld als Senke und sammelt Materie in der Nähe an. Die Rückseite ist von der Strömungsquelle, durch das Materie Extremum, vergleichbar mit einem „Pfeiler“ getrennt. Der „Pfeiler“ mag auch kugelförmig sein und z.B. aus einem weißen Zwerg bestehen. Möglicherweise auch aus reinem Kohlenstoff und dabei schwarz wirken. Die Strömungsverhältnisse bilden sich, wie am Beispiel des Flusses beschrieben. Im Falle eines Materieausstosses aus dem Materie Extremum, z.B. als emittierendes schwarzes Loch, bildet sich zu einer Strömung orthogonal eine in etwa symmetrische Materieansammlung um den Ausstosspunkt. Der Ausstoss ist durch ein Pendeln und die folgende Druckerhöhung im Zwischenbereich der beiden grossen Massenkörper erklärbar. Auch erzeugt ein Reflektor in der Ausbreitungsrichtung eine Überlagerung die als Pendeln erkannt werden kann. Mehr dazu später im Kapitel. Ein großer Asteroidengürtel, wie z.B. der Kuipergürtel oder Galaxie Spiralarm, wirkt in der Reflektion abrundend. Der Materie Ausstoss bzw. parallele Ausstöße, finden, wie zuvor erläutert, möglicherweise in Intervallen statt und bildet damit keine kontinuierlichen Formen.

Die einleitenden Effekte als Aufpunkte für verfestigte Extrema sind als Sammelpunkte für Materialverschiebungen aus verschieden Richtungen zu sehen. Wiederholend, kurz aufgelistet eignen sich temperaturbedingte verfestigte Verbindungen, Materialeinschübe (vgl. Van der Waals Kräfte auf Basis von Materialstrukturen), Übergänge wie "elektrostatische" Kräfte und anschließende atomare Bindungseffekte zu Konglomeration. Vorstellbar ist eine Kugel-/ Ellipsoid-/ Hyperboloid-/ Ringbildung etc. mit Noppenüberständen oder Auflagen auf einer Ebene z.B. aus Wasserstoffstrukturresten. Wasserstoffstrukturen kommen primär häufiger vor oder sie werden erzeugt (z.B. gedreht, gerieben, gerollt, gedrückt, möglicherweise in Verbindung mit „Elementarschwefel“ und Kohlenstoff). Ein weiteres Beispiel für eine Verhakung ist die sogenannte kovalente Bindungen. Bei dieser spielt eine Wechselwirkung der Außenelektronen, den sogenannte Valenzelektronen, zusammen mit den Atomkernen der beteiligten Atome die tragende Rolle. Die Atome dieser Bindungsart zeigen zwischen sich jeweils mindestens ein „Elektronenpaar“, dass in diesem Fall eine stabförmige Verlängerung der Materie ist. Die beiden benachbarten Stäbe verklemmen sich und die so gebundenen Atome erhalten eine gleichförmige Bewegung. Die Länge der „Verzahnung“ mag aufgrund von Temperatur- und Druckverhältnissen variieren. Sind diese gemeinsam mit den Atomen rotationssymmetrisch angeordnet, kann die Längenvariation zu unsteten Bewegungen führen. Dies ist als Sprung beobachtbar. Eine unbesetzte Stelle in der Elektronenschale ergibt sich entsprechend vorstellbar als „Einhakungsstelle“ oder auch als Öffnung in einer ansonsten geschlossenen Schale bzw. Materieabtrennung.

Die Abbildung 16 verdeutlicht eine Änderung der Primärform durch den Aufprall auf andere Elemente. Die mögliche entstandene Verformung eignet sich besser für eine anschliessende Verbindung, in diesem Fall durch eine Verhakung. Ebenso führen Temperaturerhöhungen mittels einer Verkokung zu Rauigkeiten die eine Verbindung fördern.

Auch andere Elemente, bzw. deren frühere Elementarbausteine, eignen sich zu derartigen Verbindungsformen.

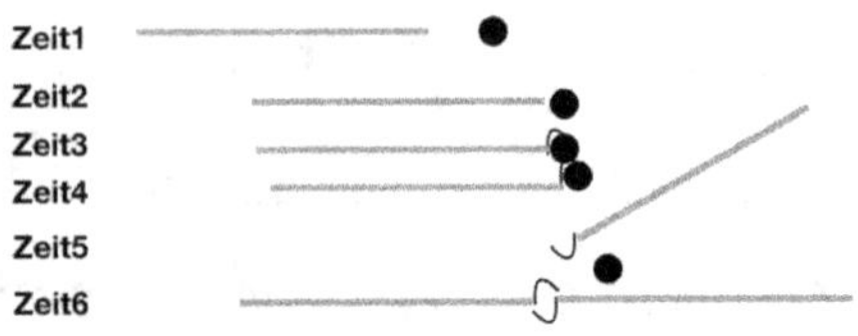

Abbildung 16: Bindungseffekte durch einen Aufprall und einem Verhaken oder Verwickeln in einem Teilchenstrom

Der durch die Umgebungsänderung, in Form einer Senke bzw. Verschiebung von Elementarteilchen erzeugte Materieeinfluss, ist viel kleiner, da diese selten als „Polarisationsfilter" fungieren können. Es entsteht nicht zwangsläufig eine einheitlich gerichtete Strömung. Zur Einordnung als Elementarteilchen eignet sich das Neutrino als abgelöster Teil eines Neutrons (oder auch Protons) oder auch wie zuvor beschrieben Fulleren. Diese Neutrino werden gewöhnlich mit einem Spin versehen betrachtet. Für diese Betrachtung genügt jedoch eine gerichtete Bewegung dieser Teilchen. Ein rotierendes Elementarteilchens bildet in der Definitionserweiterung ein Elektron. Dem Proton wurde zuvor der stationäre Kreisel zugeordnet. Möglich sind Doppelkreisel die ineinander drehen. Wobei in der Aufsicht einer der Kreisel erhöht gegenüber dem anderen ist. Eine Betrachtung aus der anderen Richtung ist im umgefüllten Fall eine Vertiefung. Die Rotationsrichtung, die bisher zu Unterscheidungen zwischen z.B. Positronen und Elektronen führte, läßt sich aus einer Oberflächenstruktur ableiten und sollte aufgrund der möglichen Änderung der Durchströmungsrichtung keinen Einfluss auf die Bezeichnung haben. Die mögliche Schlitzstruktur bzw. Länge oder variable Länge, dieser Materiestruktur hat jedoch einen Einfluss auf die farbliche Erscheinung.

Die Materie Struktur ist wesentlich für die Geschwindigkeit der Ausbreitung. Diese Reflektionen an bestehenden Strukturen, die die anfängliche Verschiebung auslösende oder wirkende Kraft und der durch den "Impulsleiter" bedingte Ausbreitungseinfluss, beeinflussen das Strömungsfeld, wie wir es in unserer Milchstraße beobachten. Der „Impulsleiter" wird als Ausbreitungsbahn bzw. -weg oder Ausbreitungsbereich für die örtliche Weitergabe einer anfänglichen Verschiebung verstanden. Die Impuls Quellen bzw. Verschiebungserzeuger und die Senken sind im Raum verbreitet und ändern ihre Stärke. Die resultierenden Kräfte in diesem strömenden Feld bündeln Massen nicht per Anziehung, sondern auf einer mechanischen Basis. Diese Elemente werden gestoßen, rotiert, verknotet, verwickelt, reflektiert, verhakt und in die bekannten Konstellationen transportiert. Neben der ursprünglich ausgelösten Bewegung, etwa durch die Kollision zweier sehr grosser Körper und deren anschliessenden relativ engen Drehung, erhalten wir in der Milchstraße die lokale Hauptform als Spiralgalaxie.

Aus uns bekannten Strukturen, unter Zugrundelegung der Strömungsfeldtheorie, lässt sich das im Folgenden angenomme ableiten. Eine zusätzlich Masse führt weiter eine Rotation um die eigene Achse aus. Eine Querströmung/Materieverbindung im Zentrum zwischen den beiden Kollisionskörpern, den Versatz zwischen den großen Körpern, als auch die umliegenden Reflektoren eignen sich zur Erzeugung der Spiralströmung. Wahrscheinlich ist, dass aufgrund des Zusammenstosses der beiden Kollisionspartner ein gewisser Anteil der Materie im Zwischenraum sich ablöste und dort in eine Rotation geraten ist. Die Reflektion weitete den Abstand zwischen den beiden Kollisionspartnern und es konnte sich damit ein zur Aufprallachse orthogonal drehendes „Speichenrad" ausbilden. Die Drehrichtung ergab sich dabei aus dem Versatz des Aufprallpunktes zum Mittelpunkt. Es kann angenommen werden, dass sich dies entsprechend der Biegung der Spiralarme verhält. Der Abstand zwischen der Achse und den Reflektoren unterscheidet sich. Dadurch entsteht ein Wippen als Laufzeitfolge. Neben der entfernten Reflektion ist auch das Pendeln eines beweglichen Elementes in einer Querströmung denkbar. Das notwendige Gelenk kann ähnlich dem zuvor beschriebenen Mechanismus mittels der Schrumpfung entstanden sein. In der Umgebung der Milchstrasse finden sich neben dem Andromeda Galaxie auch elliptische Galaxien, Sternhaufen etc. die gleichzeitig hauptrichtungsgebend sind oder durch die äußeren Hauptrichtungen vorgegeben sind. Die Annahme ist naheliegend, das die beiden ungleich grossen Materiekörper im Zentrum der Milchstrasse über mehrere Materieverbindung, eine Art Brücke, Halter bzw. Tunnel/Kanal/Hohlleiter/Durchströmungsröhre, nun verbunden sind und weiter rotieren.

Vorstellbar ist dabei auch ein Kreuzungspunkt dieser Brücken bzw. Schleife oder Materiebänder. Der Vorschub dieses Kreuzungsgebietes erzeugt V-förmige Materiekonstellationen. Diese können durchaus gerollt sein. Es wirken Scherkräfte. Verschieden breite Materiebänder erzeugen unterschiedlich lange gerollte Materie. Unter der Annahme, dass die beiden grossen Rotationskörper gegeneinander drehen und das dritte Rotationselement orthogonal dreht, ergibt sich eine Kraft die einen Höhenversatz erzeugt. Es mögen dadurch verschiedene Schleifen übereinander entstanden sein. Dieser Höhenversatz stellt sich von der Seite, unter der Beachtung der Umdrehung des Gesamtsystems betrachtet, als zerklüfteter grösserer Block mit einem aufgesetzten kleineren Block dar. Durch die gekreuzte Bewegung ergibt sich eine winkelversetzte entgegengesetzte Ausbreitung. Die entstehende bzw. entstandene Materieansammlung liess sich zu einer „Schraube“ verbinden. Die sich angelehnt an „Gaussverteilung“, inkl. einer aufgesetzten Kugel, gebildeten Materieformationen, entstanden vermutlich mehr aus unserem Nahbereich. Wobei die sich im ca. 18 jährigen Zyklus entstehenden Mondstandsextreme oder Mondbahnknoten heranziehen liessen. Zwischen dem großen Block, der sich in mehrere zerklüftete Teilblöcke aufteilt, in mehreren Durchgängen, in einer Ebene und dem kleineren erhöhten Block, kommt es zu einem doppel- zyklischen Materiefluss. Es entsteht die bekannte Schleifenform (8) als Materiefluss. Das Zeichen für die Unendlichkeit, der unendliche Materiefluss. Aus der Aufsicht von einem Rotationskörper betrachtet, ergibt sich eine Art Transportband, mit einem querenden Band darüber. Das querende darüber kann als Ereignishorizont des schwarzen Lochs angesehen werden. Das schwarze Loch steht in der Beziehung zum zuvor erwähnten orthogonal drehenden Element. Wobei dieses schwarze Loch durchaus lediglich ein oder mehrere Absorber ähnliche Strukturen sein können. Die einlaufende Materie folgt der Schleife um den weiteren Rotationskörper und verschwindet somit sichtbar. Die Bildung des „schwarzes Loches" unserer Milchstrasse ist somit erklärbar.

Von oben betrachtet ergibt sich eine Schmetterlingsform.

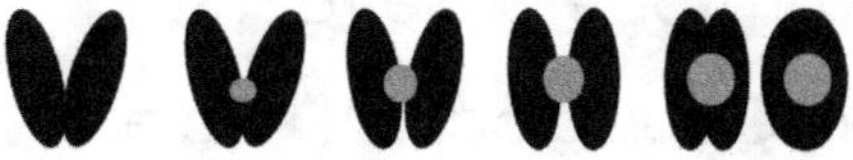

Abbildung 16'' Pendelnde Verteilung der Materie, in Schmetterlingsform oder schleifenartig, in der Nähe der Kreuzung der „Materiebänder"

Schliessen sich die Enden aufgrund von pendelnden Bewegungen und Stossprozessen der einzelnen bewegten Materieelemente, ergibt sich eine Wahrscheinlichkeitverteilung der Materie, die wiederrum sich zu einem Ring schliessen kann. In der Mitte des Ringes ergibt sich aufgrund des Kreuzungsgebietes die größte Verdichtung und damit die Kugelform. Von oben betrachtet wiederum die „Gaussglocke“. Ist die Lücke zwischen der Kugel und dem Ring ausgeräumt, wie dies durch entstandene Monde passiert, zeigt sich die typische Saturnform. Feststellbare Pendelbewegungen deuten auf einen unregelmäßigen Strömungsausfluss bzw. Durchfluss und/oder Reflektionen. Steigende Temperaturschwankungen und pendelnde Materie zwischen dem Reflektor und der Brücke bilden Laufzeitelemente. Falls ein Ende der Verbindung sich näher am Reflektor befindet als das Andere kommt es zu einer wechselseitigen Krafteinwirkung die das System pendeln läßt.

Ebenfalls geschieht dies durch eine oder mehrere durchströmte Röhren bzw. Seitenkanäle dazu oder spiralförmige gewundene Röhre(n) in der ein regelmäßiger oder unregelmäßiger Körper rotiert (z.B. zwei verbundene Kugeln/Volumenkörper) oder die Zusammensetzung des Innenbereiches, bzw. die Eigenschaft des Randbereiches, sich ändert. Bildlich ist dies z.B. vorstellbar als Trillerpfeife mit der beweglichen Kugel im Inneren. Das Aufrechterhalten der unregelmäßigen Drehbewegung des inneren Rotationskörper wird einerseits durch einen inhomogenen Materiezufluss erzeugt, Gasbildungen durch inhomogene Temperaturverteilungen, wechselseitig überfüllte Durchströmungskanäle und eine Änderung des Abstandes der umliegenden Struktur bzw. deren Reflektoren. Man vergleiche dazu eine römisch- christliche Darstellung aus Abbildung 16' als auch klassische Anordnungsvorgaben zur Materie kirchlicher Darstellungen. Eine einfachere gestappelte Darstellung befindet sich zum Beispiel im „L'hôtel des Invalides, le mausoléen de l'Aigle" in Paris. Die Rotationsmasseansammlung und der Übergang wurden ineinander und übereinander angeordnet.

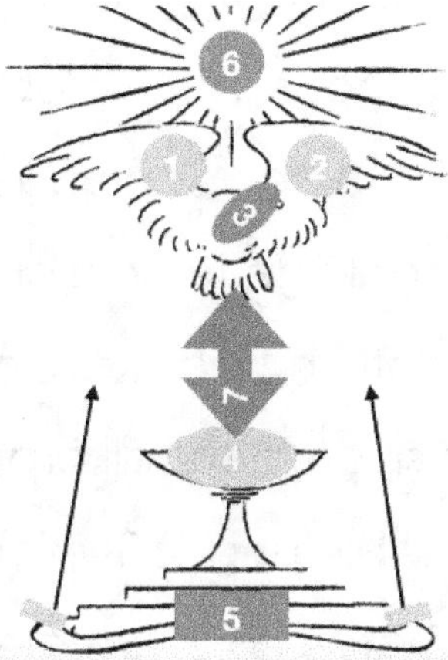

Abbildung 16' Mögliche Zuordnung der römischen kirchlichen Abbildung zur zentralen Milchstrassenspiralbewegung.

Die Flügel Nr. 1,2 werden den beiden Kollisionskörpern, der Kopf Nr. 3 wird dem Querströmungstunnel bzw. Weg zugeordnet. Ein Stern bzw. verschiedene Sterne Nr. 6 dienen als Quelle für ein vertikales Pendeln, Nr.

4 rotiert und Nr. 5 trägt und wird dem Reflektor zugeordnet. Wobei der Reflektor Nr. 5 eine „Schlange“ darstellt, dessen schräge Reflektionsrichtung offensichtlich die Kollision der beiden massiven Zentralkörper erzeugten. Die Abbildung läßt nicht unbedingt alle Details des unteren Reflektors erkennen. Es ist möglich, dass auch eine Vertiefung vorhanden ist. Eine grabenartige Vertiefung würde Masse bündeln können und so die beiden Flügel oder auch aus Graldarstellungen bekannte Griffe entstehen lassen. Eine Verflechtung, vorstellbar wie bei einem Brezel, führt je nach der angesetzten Stelle auch wieder zu einer Herzform.

Vor dem Eintritt der Zentralkörper, könnte die gesamte Struktur durch einen gigantischen Einschlag von oben (hier in dieser Darstellung) entstanden sein. Neben dem großen Zusammenbringen der Zentralkörper entstehen daraus auch unsymmetrisch gewickelte Materie Formationen, vorstellbar als teilweise zusammengeschobene einfache Trompete/Horn. Nr. 7 bildet die zentrale Drehachse, deren Präzision (Krone) der Spitze sich aufgrund des Wippens der Schrägverbindung ergibt.

Zufällige Einschläge in umliegende Sterne erzeugen Auswürfe, die in diesem Zentralsystem zu Dichteschwankungen im Materiezufluss führen. Der Durchgang zwischen diesen großen Materiekörpern (als schwarzes Loch bezeichnet) erzeugt eine Strömungsverdichtung entgegen der Hauptrotationsrichtung die in unserem Sonnensystem merklich besteht. Jede Strömungsanregung näherungsweise orthogonal zu dieser Rotationsrichtung, erzeugt im Ergebnis eine Spiralbewegung. Überschlägt sich die Strömungsanregung oder die bewegte Materie, ähnlich wie eine Meereswelle, ändert sich die Ausbreitungsrichtung und es bildet sich eine rhythmische Vor- und Zurück- Ausbreitung. Die Austrittsfrequenz kann sich, neben Rotationszyklen, aus einem Erhitzungsvorgang, ähnlich den Zusammenhängen bei Geysiren, ergeben. Als Folge entsteht eine in sich verdrehte

Spirale, die sich nicht unbedingt ihrer Länge nach weiter ausbreitet. Je nach Winkelstellung zur Hauptrichtung kann eine Anregung sich auch mit Einzelimpulsen longitudinal wellenförmig ausbreiten. Im Grundsatz ist das Milchstrassenzentrum Asymmetrisch und erzeugt damit in gewisse Richtungen asymmetrische Ausbreitungen. Reflektionen und Asymmetrien erzeugen Veränderungen der Rotationsbahnen wie z. B. die Änderung der Mond und Sonnen bzw. Erd-Ekliptik oder dem Tausch der Umlaufbahn von Monden (siehe Saturnmonde). Der identische Effekt und die Wirkung von strukturierten Materie Formationen durch (längs-, transversal-) Strömungsfeld Kräfte, unter wechselnden Bedingungen, lässt sich auf die Verteilung von Galaxienformen und Rotationen übertragen. Diese Theorie lässt, durch Beobachtung erlangte Kenntnis der Rotationsgeschwindigkeitsverteilungen am Rande der Milchstrasse und die nach der bisherigen Berechnungsmethode unrichtige Abnahme dieser Rotationsgeschwindigkeit oder eine notwendige abschnittsweise Einführung von Korrekturfaktoren, den Wunsch nach einer Ablösung der bisherigen Theorie wesentlich stärker werden.

Die beobachtete schnellere Weltraumausbreitung und scheinbar unendlichen Ausdehnung wird durch die Annahme eines intensiveren und wiederkehrenden Impulstransfers im Strömungsfeld erklärt.

Eine wiederholte Impulsanregung beschleunigt ein Objekt mehrfach. Hatten sich Zentren der Materieverbindung gebildet und sich zu einer „Quelle“ verstärkt, üben diese auf ihre Umgebung eine Kraft aus. Trifft diese Art von Kraft, von verschiedenen Zentren, mehrmals auf sich davon wegbewegende Objekte werden diese mehrfach beschleunigt und erreichen dadurch eine höhere Geschwindigkeit.

In beruhigten Bereichen sind weniger Turbulenzen vorhanden, die gewöhnlich von dort befindlichen größeren Materieansammlungen ausgelöst werden. Der Effekt von größeren Materieanhäufungen im Strömungsfeld erzeugt verschiedene Strömungsgeschwindigkeiten, die den Eindruck einer beschleunigten Expansion erzeugen können. Dichtere Materie erzeugt bei gleichbleibenden Verschiebungskräften eine Verdichtung im umliegenden Raum. Diese Verdichtung erzeugt eine schnellere Impulsweitergabe. Mit Abstand betrachtet kann dieser Vorgang den Eindruck einer schnelleren Expansion hinterlassen. Beugungseffekte durch verdichtete Materie im Beobachtungspfad verstärken möglicherweise den Effekt zusätzlich. Im Gegenteil erzeugen „glatte", ungestörte Strömungsflächen in der jeweiligen Betrachtungsweise, einen langsamen Strömungseindruck. Ebenso erzeugen verdeckte rückläufige wirbelbehaftete Strömungen den Eindruck einer langsamen Ausbreitung.

Gleichzeitig mag eine optische Dichteverschiebung, angeregt durch einen Schwingungsvorgang, Objekte einmal näher und einmal weiter entfernt darstellen. Die Abtastfrequenz des Messgerätes wird maßgeblich. Messfehler steigen mit dem Relativabstand. Eine Beobachtung kann aufgrund von Dichteschwankungen im Betrachtungsraum mit verschiedenen Geschwindigkeiten transportiert werden. Durchsichtige Eisfelder können einen solchen Eindruck erzeugen.

Gleichzeitig basieren aktuelle Ausbreitungsgeschwindigkeitsmessungen auf Beobachtungen zur Lichtausbreitung. Diese sind aber möglicherweise durch die bisherigen unverstandenen Annahmen zum Lichtmechanismus nicht fundiert (z.B. Lichtquanten ohne Masse, Konstanz im Brechungsindex). Ältere, inzwischen nicht mehr verfolgte Theorien sprachen von einer Lichtermüdung. Denkbar ist auch ein Effekt der Linearisierung bzw. dem Ausgleich der gesamten Struktur der Lichtträger, dem Bersten oder einer Überdeckung. Eine Bewegung in eine Richtung erzeugt Reflektionen dich sich entgegen der Ausbreitungsrichtung ausbreiten. Es entsteht für einen Beobachter eine langsamere Relativgeschwindigkeit. Die Ansicht ohne eine Reflektion kompensiert bzw. reduziert sich in Teilen von verschwindender Materie (im Sinne der Ansicht von der Oberflächenstruktur bzw. Bewegung). Damit kann ein Abstand zwischen mehreren Lichtträgern und Reflektoren optisch größer wirken. - Dies ist vorstellbar mit dem Ausfall von einzelnen Leuchten in einer Kette und erhaltene seitliche „Auswüchse". Diese seitlichen Materieverlängerung sind möglicherweise durch die Kollision nicht mehr gleich aktiv wie diese an der Bewegungsspitze. Das Objekt erscheint an dieser Stelle dunkler. Je nach Folge der Reflektion und der entsprechenden Materieanordung ist auch der gegenteilige Effekt möglich. Vorher dunkel erscheine Materieabschnitte erscheinen heller.

Dem Gedanken folgend, müßte eine Lichtauslöschung durch kollidierendes Licht möglich sein. Neben diesem Effekt der Verdeckung, ist aus der Perspektive eines Beobachters, durch die Reflektion an einem vorgelagerten Objekt eine Verzerrung des betrachteten Objektes sichtbar. Die Leuchterscheinung eines betrachteten Objektes wird ausgesandt, am vorgelagerten Objekt reflektiert, kehrt zum Entstehungsort zurück, wird wieder reflektiert und bildet, je nach Betrachtungslänge, eine vergrößerte Gesamterscheinung.

Der Effekt der Spiralbewegung geschieht in der Sub-Nano-Welt wie in großen skalierten Dimensionen. Bei der Betrachtung von Galaxien tragen deren Drehgeschwindigkeiten quer zum Betrachter zu dem Eindruck eines Entfernen, bei dem Wegdrehen bzw. Näherkommens bei dem Hindrehen in Richtung des Beobachters, bei. Jede Auf- und Abbewegung löst in umgebender Materie wellenförmige Ausbreitungen aus. Falls sich diese in der optischen Betrachtungslinie befinden erzeugt dies eine Unschärfe in der Konturenbetrachtung mit undefiniertem Entfernungsmaß. Es ist möglich, dass lamellenartige z.B. Staubschichten verschiedene Ausbreitungsrichtungen optisch eröffnen.

Weitere Detailuntersuchungen zu den Ausbreitungsgeschwindigkeiten und der Weltraumausbreitung sind notwendig.

Die Rotationen können in unserer direkten Welt, neben dem Einfluss auf die Materiebildungen, gleichzeitig als Milchstraßen "Spirale", dem Effekt der Mondrotation auf die Erde, auf der Erde in einer zweidimensionalen Projektion aus dem 3D-Rotationsereignis, wie z.B. die Wicklungen eines Flusses (2D), den Wurzeln (3D), Huygens "Interferenz Proben", Mandelbrot usw. beobachtet werden.

Starke Rotationen erzeugen, unter gewissen Voraussetzungen, einen Stern. Schwarze Löcher sind vielfällig definierbar. Möglich ist ein sehr massereiches Objekt das durch eine einseitige Explosion, eine Kollision oder den Zerfall des Kernes entstanden ist. Es genügt bereits eine Schlucht zwischen den beiden ursprünglich die Milchstrasse erzeugenden Massekörper, wie das im Zentrum der Milchstrasse vorhandene, dass mit seiner Massenstruktur gleichzeitig einen gerichteten Durchgang und Reflektor bildet. Der Durchgang kann dabei aus vielen Einzelröhren bzw. Spiralen bestehen, die eingedrungenes Licht für den Beobachter „verschlucken“. Möglicherweise enthält es auch aktive Zonen, die entsprechende Materieaustritte erzeugen. Diese aktiven Zonen können sich mittels eines inneren Kanals bilden. Dieser durchströmt den Innenbereich. Dieser Innenbereich muß durchaus, wie zur vor beschrieben, nicht homogen aufgebaut sein, sondern kann dabei über Materie Kreiswirbel oder rotierende extrem komprimierte kugelförmige Massekörper verfügen. Die Strömungsrichtung zwischen diesen einzelnen Wirbeln entscheidet über die Drehrichtung dieser Wirbel. Gewöhnlich behält die beschleunigte Materie ihre geradlinige Ausbreitungsrichtung solange bei, bis diese erneut beeinflusst wird.

Wenn die Erdrotation immer noch ein Überbleibsel aus dem Urknall wäre, warum würde die Reibung zwischen der Erde und der Atmosphäre nicht weiter die Rotationsgeschwindigkeit reduziert haben- die Coriolis Kraft beeinflusst in erster Linie die Atmosphäre und nicht den Planeten. Die durch den Vulkanismus stattfindende Ausweitung der Erde erzeugt ein größeres Trägheitsmoment, dass auch zu einer Verlangsamung beiträgt. Der reine Bestrahlungseinfluss durch die eine Sonne im Sonnensystem sollte zu einem anderen Rotationsverhalten führen. Geht man von einem mehrfach Pendelsystem aus, muss die Sonnensystemdefintion durch weitere Massen erweitert werden. Andere Objekte in unserem Sonnensystem, wie z.B. die Venus, zeigen ein anderes Rotationsverhalten zwischen dem Festkörper und der Atmosphäre. Diese dreht sich bei der Venus wesentlich schneller obwohl diese weiter ins All reicht als die der Erde. Betrachtet man das zur Rotationsachse geneigte Erdmagnetfeld als Teilchenbeschleuniger, ergibt sich durch die Asymmetrie ein Beschleunigungselement, dass die höhere Rotationsgeschwindigkeit im Vergleich zur Venus erklärt. Die klassische Erklärung zu den beiden entgegengesetzten Kräften der Gravitationskraft und der Zentrifugalkraft bzw. die Massenträgheitsmomentbetrachtung, erklärt nicht die aufgrund des kleineren Durchmessers und vergleichbarer Masse des Mars im Vergleich zur Erde ähnliche Umdrehungsdauer. Gemäß der Newtonschen Beschreibung ist eine Kraftänderung notwendig, um die Rotationsgeschwindigkeit zu ändern. Eine Art Reibung würde dazu ausreichen. Die Atmosphäre ist vernachlässigbar. Gleichzeitig verliert der Mars Materie in den Raum. Dieser Verlust und das entsprechende sich anpassende Trägheitsmoment könnten die Rotationsgeschwindigkeit konstant halten. Neben einer zu betrachtenden umgebenden Anströmung, ist das fehlende Wasser bzw. die „Atmosphäre" und die Brems- und Gleitwirkung, in der Erdatmosphäre, besonders zu berücksichtigen. Reflektoren, wie der

Mond, müssen in den Vergleich mit einbezogen werden. Vereinfacht lassen sich die vorhandenen Ellipsenbahnen mit den „zwei" Seiten eines Körpers in Verbindung bringen. Jede Strömung, z.B. als 2D Betrachtung, überquert einen Körper über mindestens zwei Richtungen. Auch lassen sich die bekannten Darstellungen des Materieverteilung am Doppelspaltversuch übertragen. Die Materieanhäufungen bilden u.a. hinter dem länglichen Spalt räumlich betrachtet eine Säulenform. Wie bereits zuvor geschildert, entstehen im Teilchenstrom durch die Schlitzbegrenzung Kollisionen die zu Winkeländerungen der Reflektionen führen. Es entstehen Überlagerungen, d.h. Teilchen treffen in einer

Häufigkeitsverteilung auf. Fügen wir eine weitere Dimension dazu, d.h. eine 3D Abbildung und einen Querschlitz, lässt sich die Kugel abbilden. Die unterschiedlichen Rotationsgeschwindigkeiten dieser Kugeln, lassen sich aus der jeweilig vorherrschenden Anströmungsrichtung und der entsprechenden Teilabschattung durch den weiteren Volumenkörper ableiten. Um diese Körper bilden sich, je nach Anströmungsrichtung, Druckmaxima und Minima. Der Festkörper bewegt sich jeweils in Richtung des Minimums. Eine stetige Bewegung wird beibehalten. Eine inhomogene Planetenzusammensetzung erzeugt keine unstetige Bewegung.

Eine homogen gefüllte runde Materialkugel im Raum wird mit den bekannten Messmethoden nicht in allen Messpunkten eine (Gravitations-) Kraft zeigen, die mit dem Quadrat des Radius im strömenden Feld übereinstimmt bzw. abnimmt (siehe Kapitel zum experimentellen Nachweis). Man vergleiche dazu auch „ovale" Sturmabbildungen auf unseren Nachbarplaneten.

Eine „Singularität" ist in dieser Beschreibung nicht als Definitionslücke möglich, sondern als geschlossene Lücke. Diese wird repräsentiert durch die Fusion (zur Abgrenzung von der bisherigen Auslegung einer besonderen Gravitationseigenschaft). Die einfachste Beschreibung: „Aus zwei Materieelementen wird eines“ ist nicht unbedingt ausreichend. Zwei Teilchen in der Annäherung bilden ein längliches Objekt (eine Kante). Wahrscheinlicher ist die Energieentstehung durch eine Materieabgabe. Mathematisch lässt sich die Definition der komplexen Zahlen dazu verwenden. Mit der Definition:

i*i=-1 (oder j in der Elektrotechnik) wird eine Änderung durch die Fusion beschrieben. Nach dem Fusionsvorgang ist ein Element reduziert und die Fläche der beiden Elemente ist nach der Zeit ineinander übergegangen (i*i oder x*y). Ergänzt man auf beiden Seiten durch einen Faktor k, ergibt sich ein Maß für die negative Verschiebung bzw. die Fusion. Dabei kann k auch die Zeit und damit auch einen Volumenfaktor darstellen. Entsprechend der Betrachtungsrichtung ist eine Bewegung auf der Stelle, also eine Rotation, auch eine Singularität. Es wird ein Weg zurückgelegt ohne das sich der Ort ändert. Die Überlegung zum Fusionsvorgang passt auch zur geometrischen mathematischen Lösung von Gleichungen dritter Ordnung. Ein negative Fläche ist eine verdeckte doppelte Fläche. Eine negative Fläche stellte jahrhundertelang ein nicht vorstellbares Problem dar. Neben der einfachen Überdeckung, ist auch eine zeitweise Komprimierung, also ein Federeffekt, eine brauchbare Deutung.

Bei weiteren speziellen Konstellationen hängt die Ausbreitungszeit von der Trajektorie und ihren Füllelementen ab. Der Ausbreitungsimpuls wird durch die Verwendung eines Pfades, der durch Material mit dem optimierten Massenverhältnis verbunden ist, schneller. Parallele bewegliche Elemente können sich aufteilen, wenn ein Element kollidiert und das andere sich weiter bewegt. So erhielt das ursprüngliche Element zwei Geschwindigkeiten. Die Beobachtung der Quantenmechanik zu Elektronen mit zwei gleichzeitigen entgegengesetzten Spins wird rein mechanisch mit zwei verbundenen drehenden Materieelementen unter einem Aufsatz gesehen. Dabei können diese bei der Strömungsdurchdringung in der Mitte durchaus entgegengesetzt drehen.

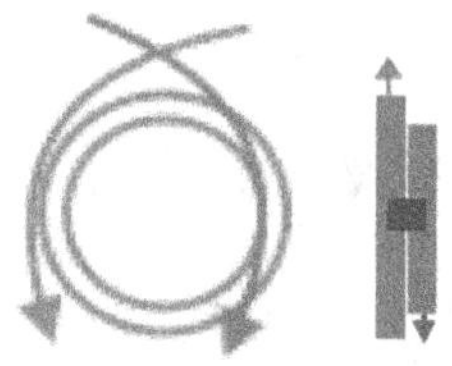

Abbildung 16' Gekreuzte Anströmung zur Erzeugung von entgegengesetzten Materie Rotationen zweier beweglicher verbundener Elemente (Aufsicht und Seitenansicht)

Die Planckschen Überlegungen zur Quantenmechanik zielten auf die kleinsten bzw. elementarsten Vorgänge. Dazu wurden die beobachtbaren Vorgänge im Prinzip zweistufig gegliedert. Konsequent ist es nun den ersten auslösenden Feldeffekt, auch den Teilcheneffekten zuzuordnen. Vorstellbar ist hierzu ein Zerplatzen von Materievolumenkörpern. Der in diesem Text verwendete Begriff zum quantisieren Strömungsfeld umfasst damit zusammenfassend alle diese Einzelvorgänge.

Die Zeit ist eine künstliche Einteilung, die beliebig gewählt werden kann. Die Einteilungsschritte können aus Sekunden bestehen, die aus dem

Schwingen von einem definierten-Kristall abgeleitet werden oder andere von der Menschheit frei wählbare Zeiteinteilungen. Ohne einen linearen Zusammenhand besteht damit keine direkte Abhängigkeit zur Materieansammlung. In einer gewissen gewählten Zeit entsteht nicht immer die gleich e Ansammlung von Materie. Die Dichte des Raumes ist unterschiedlich. Aus einer Strömung die eine gewisse Zeit andauert, lässt sich keine angesammelte Menge ableiten. Es gibt keinen direkten Bezug zum leeren Raum. Ein theoretisch leerer Raum kann in verschiedenen Geschwindigkeiten durchquert werden. Die Definition eines leeren Raumes wird sich vermutlich noch verändern. Ein gefüllter Raum bietet einen Widerstand. Als Fazit haben wir eine geringe Wahrscheinlichkeit für eine Zeitreise. Die Wahl eines schnelleren Weges könnte uns einer Reflektion eines Ereignisses in der Vergangenheit näher bringen, aber wir haben nicht die Möglichkeit eines Eingriffes in das Ereignis aus der Vergangenheit. Das bisherige Modell des Vakuums, in der Kombination mit Licht, das dieses durchquerte, stiess immer auf die Schwierigkeit der Massenzuordnung und der sich daraus zwangsläufig ergebenden Massenanziehung. Entweder ordnete man den Effekt den Lichtteilchen zu oder der Veränderung des Raumes, die sogenannte Krümmung. Der Fall kommt nicht ohne eine Massenzuordnung aus, wodurch sich die Frage nach der Güte des Vakuum stellt.

Einsteins relativistische Berechnung wird transferiert und verbessert. Neben der Beschreibung, Anzahl und Lokalisierung der Verschiebungsquelle, auch durch die Ergänzung von Materiefaktoren, deren Materialstruktur und Verbindungszustand.

Schließlich scheint es offensichtlich, dass ein Wirbelsturm und ein dynamisches kosmisches nicht emittierendes Schwarzes Loch sehr ähnlich sind. Vorstellbar ist ein Projektil ähnlicher durchsichtiger Körper (z.B. geschmolzener Quarzsand) der lediglich am Verjüngungsabschluss seitlich reflektiert. Einfallendes Licht wird dadurch am Ende seitlich ausgeleitet, fällt aber nicht zum Betrachter zurück. Optisch bildet sich dadurch der bereits beobachtete, evtl. Unterbrochene Leuchtring.

Alternativ ist es rotierende Materie mit einem bis zu einem gewissen Grad kollisionsfreien, strukturell verteilt oder gefülltem Zentrum. Je nach der Umgebung, ist es wahrscheinlich, dass weitere Masse zugeführt wird und mittels der Drehung und der Bewegung zur Längsachse in der sich verjüngenden Struktur komprimiert wird. Neben dem reinen Abschattungseffekt durch umgebende Massen entsteht eine Radialbeschleunigung, die zu weiteren Randwirbeln führt. Diese weisen eine bis 90 Grad versetzte „Drehachse“ bezogen auf den Hauptwirbel auf. Ein damit vor dem Eintritt aufgelockerte Materieansammlung, kann ausgangsseitig komprimiert werden. Zur Vorstellung eignet sich die klassische Spindel zur Fadenerzeugung. Die rotierende Masse kann in sich rotierende bzw. sich bewegende Materie besitzen, innere und äußere Hohlräume aufweisen, die Reste von einer Explosion sind (siehe Abbildung 17) oder Entstehungsformen sind. Der bekannte Ereignishorizont lässt sich aus den Dichteverteilungen ableiten. Vorstellbar ist ein hoch komprimierter, hochdichter Rundkörper der sich in einem höhlenartigen Rahmen dreht. Gewöhnlich ist dieser bewegt und bildet eine starke Strömung. Ein „Verklemmen“ ist dadurch weniger wahrscheinlich, da auch größere Materieelemente wegtransportiert werden. Dabei ist der übertragen zu sehende Höhlenrand der Ereignishorizont. Einfallende Materie muss sich zwangsläufig zwischen dem Einfall in das Innere oder das Abgleiten am äusseren Rand aufteilen. Die gilt auch für das nicht massenlose Licht, wenn es von einem schwarzen Loch angezogen werden soll. Als Ableitung aus dieser Betrachtung, ergibt sich die Schlussfolgerung, dass der Weltraum an sich nicht über einen äusseren Ereignishorizont verfügen muss. Ohne diese einfache Betrachtung, müsse sich zwangsläufig aus den Einzel-Ereignishorizonten ein Summen-Ereignishorizont ableiten lassen.

Mögliche rotierende Halbschalen mit Öffnungen erzeugen je nach der Relativstellung der beiden Rotationskörper und dem Verschluss oder der Öffnung rhythmische Materieauswürfe.

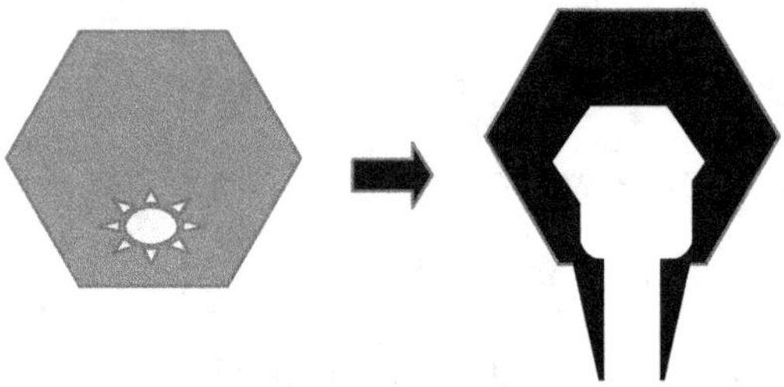

Abbildung 17: Rotierende Materie mit einer Öffnung nach einer unsymmetrischen Explosion

Aus Materie in einer anfänglich ro-tierenden Ringform entsteht, ohne die Nähe einer anderen großen Masse (Zerfälle), eines stärkeren Impulses oder einer kreuzender Strömung, kein Volumenkörper. Die Nähe von zwei zusätzlichen gleichen Massen oder unterschiedlichen Massen, die durch die Entfernung kompensiert werden, kann die Ringform in der Mitte verändern und in einen statischen "Twister" oder Kegel überführen. Falls keine Kollisionen stattfinden und keine thermischen oder Blitzeffekte vorherrschen, zeigt ein Einblick in das Innere des Kegels den schattierten Bereich schwarz. Denkbar sind lichtabsorbierende Strukturen, wie z.B. Kohlenstoffröhren, Stäbe, Hohlräume oder „Kanäle“. Neben den lichtabsorbierenden Strukturen, wird in dieser Betrachtung den Lichtträgern eine Masse zugeordnet. Die rotierende Masse befördert damit auch Lichtträger in der Vorzugsrichtung ohne einen entgegengesetzten Austritt zu ermöglichen. Es ergibt sich daraus auch ein vorstellbares Schwarzes Loch. Eine Herleitung für den Kern dieser Art der dunklen Volumenkörper, die bekanntlich aus vergangenen Sternen entstanden sind, ist der stark geordnete strukturierte ausgeglichene Zustand vergleichbar mit einem „Kohlenstoffgerüst“.

Es wird davon ausgegangen, dass der Blitz größtenteils frei von dem auf der Erde erlebten Donner ist. Der Donner ist die Folge von umliegenden verbundenen oder verschlungenen molekularen Luft/Wasser Strukturen, die zerreißen. Die verschlungenen Moleküle bilden Strukturen wie Spiralen, Umwickelungen und Kanäle die für sich bewegende bzw. sich entfernende Elektronen oder teilweise Entladungen, den Ausbreitungsraum bilden. Die Größeren Verknüpfungen werden in der Ausbreitung stärker gedämpft. Geht man von einem Ausbreitungswiderstand aus, wäre das Geräusch nur im Nahbereich hörbar. In der Feinstruktur mag es zu einem Durchbruch der zentralen Elemente (vgl. Protonendefinition) im Leitungskanal der geordneten/linearisierten Struktur kommen. Diese linearisierten Strukturen können aufgrund ihrer Entstehung, den vorausgegangenen Ringstrukturen, sich teleskopartig verlängern. Wasserstoffhaltige Materieansammlungen gleichen Bandstrukturen. Eine Schichtung ist, wenn diese gleichmäßig entsteht, eine homogene Struktur. Kommt es nun zu einer zu einer nahezu orthogonalen Strömung, wird der Rand der Schichtung stellenweise aufgestellt. Diese Materieelemente der „Querströmung“ sorgen für den Spiralförmigen Fluss. In einer bewegten, gefüllten homogenen Umgebung ist die Wahrscheinlichkeit für eine Gesamtreflektion geringer als eine teilweise Änderung der Richtung der Elektronen- oder Lichtträgerflugbahn bzw. Kollision. Daher hat die Ausbreitung im Raum, mit vorhandenen kreuzenden Strömungen, eine hohe Wahrscheinlichkeit, eine spiralförmige Bewegung zu entwickeln. Jede ungeordnete Materie/ Gas Struktur im Ausbreitungsweg, führt zu einer Richtungsänderung und hinterlässt die in der Atmosphäre bekannten Verästelungen. Wenn die Umgebung zum Ausbreitungskanal nicht dicht mit dieser Art von Molekülen /Materiestrukturen umhüllt ist, wird im Extremfall, die Folge, der Donner, von dem bekannten Mechanismus in unserer Atmosphäre abweichen. Es findet kein schlagartiges Auseinanderbersten von Materieketten statt bzw. wird die Erscheinung nicht ausreichend weiter übertragen.

Verfügbare Materialien wie H, O und Platin können ähnlich wie eine Brennstoffzelle funktionieren, die Wärme und Elektrizität, die einen Massestrahl, Lichteffekte und Radioaktivität erzeugt. Wenn der Massestrahl senkrecht zur Drehrichtung austritt, erhalten wir aufgrund eines meinst ungleichförmigen Strahlaustrittes einen Pulsar-Charakter der rotierenden Materie. Verschiedenste Formen der Austrittszonen sind vorstellbar. Vorhandene Wasserstoffelemente sollten an der spiralförmigen Ausbreitung erkennbar sein. Ein schmaler länglicher Schlitz in einer Materialansammlung, bzw. rotierende stabförmige Materie oder andere Elemente vor einer Strahlungsquelle erzeugen eine „Strahlungsbalkenerscheinung", sowie die Reflektion auf einer länglichen flacheren Materieansammlung in z.B. einer Ellipsenform oder weiteren Varianten. Als weitere Variante sind, wie zuvor beschrieben , Öffnungen einer Hülle und die entsprechende „Jet" Ausstrahlung verantwortlich. Diese Form kann auch von Gasansammlungen gebildet werden oder schon zu einem Festkörper geformt sein. Die Festkörper mögen in gewissen Zyklen kollidieren. Es kann sich dadurch Materie lösen und eine entzündete hochenergetische Verbindung entstehen, die als seitlich austretende Leuchterscheinung sichtbar wird. Aufgrund des sich im Zentrum befindlichen Festkörpers, entsteht eine umschlingende Strömung die als Flechtstruktur sichtbar wird. Diese „verflochtenen“ Strukturen sind auch als DNA vorstellbar. In der Linie der Richtungsumkehr, zwischen der horizontalen und vertikalen Umlaufbahn, entstehen Windungen die wir z.B. von der Gehirnstruktur kennen. Die über einen längeren Zeitraum stattfindende Abnahme der Volumenkörper führt zu kleineren rotierenden Materiescheiben, die damit das bekannte Volumen der verschlungenen Strukturen aufbauen.

Gasansammlungen, als verhältnismäßig leichte Partikelansammlungen, können z.B. in einer oder mehren Scheiben-/Ringebenen rotieren. Es ist möglich, dass sich mehrere Scheiben übereinander oder ineinander bilden die auch geläufig rotieren. Rotierende Ringe können sich in der Ausrichtung ineinander verdrehen. Die rotierenden Ringe als "Kreisringe" haben wahrscheinlich in unserem Sonnensystem, aus der ursprünglichen Gaswolke, je nach Entstehungszeit, unterschiedliche Geschwindigkeiten und Winkel gehabt.

Die Kreisringe können wiederum neben einer geläufigen Strömung, durch Störungen bzw. Ausstösse von roten Riesen entstanden sein.

Es entstehen Rundkörper zwischen diesen diesen Kreisringen. Beim Saturn kann man heute noch das "Rollen" von einzelnen Monden zwischen den Kreisringen beobachten.

Tritt nun eine Strömung quer dazu auf, kommt es zu Kollisionen. Aus diesen Kollisionen entsteht unter den geeigneten Bedingungen Materieverbindung oder diese zerbricht wieder. Vorstellbar ist so auch die Bildung des uns bekannten einfachen Wasserstoffes. Aus der Betrachtung zur rotierenden Kreisscheibe, neben einer einfachen Querströmung, ergibt sich für diesen bei entsprechendem Weitertransport eine gebogene gerollte Form (siehe Abbildung 15').

Ein im Strömungsfeld befindlicher an den Enden gebogener Zylinder eignet sich wiederum zur Erzeugung einer rotierenden Kugelform im unmittelbaren Einflussbereich. Wie zuvor erläutert, sind ausgerichtete Schichten, hervorgegangen aus der Streuungslinearisierung und deren wellenförmige Schwingungen eine Basis zur Materie Begrenzung und zur Ausbildung der Kugelform. Letztendlich entsteht ein Auffüllen von vorhandenen Hohlräumen.

Ein durch Strahlung erzeugter gerichteter Impuls kann Schichten des Materials anheben. Ohne bereits verfestigte Führungslinie werden Materieelemente im Strahlungspfad kippen, zur Aufweitung der Materieansammlung führen (vgl. Abbildung

8'') und es entsteht eine schlechtere Impulsweiterleitung. Ein bestehender drehender Torus kann durch die gerichteten vertikalen Bewegungen als zusätzlich vertikal rotierend, mit spiralförmigen Rotationen um dem Hauptrotationskörper oder mit anderen Worten, wie ein Korkenzieher geformter Torus gesehen werden. Die Vertikalströmung wird als Nebenrichtung zur Rotationsachse, d.h. schräg zur Rotationsrichtung, je nach Drehrichtung, auch ungebundene Materie „absaugen", wenn der Kegel offen ist, vergleichbar mit einer rotierenden Hufeisen/Omega Form. Neben der Erscheinung dieser Strömungsform auf der Sonne, entsteht diese auch auf der Erde, bedingt durch die uns umgebenden

Hauptströmungsrichtungen der benachbarten Strömungsquellen bzw. Sonnen/Sterne und des Zentrums der Milchstrasse. Ein V-förmige Lücke zeigt sich bei der Betrachtung der Milchstraße von der Seite aus. Diese kann wie oben erläutert entstanden sein. Offensichtlich hat diese Lücke sich geweitet, wenn man zum Vergleich „Das letzte Abendmahl" von Leonardo Da Vinci (ab 1496) übertragen auch als Abbild der Milchstrasse heranzieht. Über der „V" Lücke ist im Bild und im Original, ein Bogen erkennbar, dessen Umrisse mit dem bereits zuvor beschriebenen Gral und dem Amerikanischen Kontinent vergleichbar sind. Der Gordische Knoten des Alexander des Grossen adressiert vermutlich das Selbe. Es wurde beobachtet, dass die Lücke sich vergrößerte. Bildlich gesehen würde die Milchstrasse mit einem Schwert an der Stelle der „V“ Lücke durchschlagen. Als Folge daraus kam es zur Trennung der Kontinente oder der geschichtlich übermittelten Trennung des Asiatischen Kontinentes beim Schwertschlag auf die Deixel. Vermutlich lässt sich dies auf verstärkte Sternaktivitäten ca. an der bildlichen Position des Kelches auf dem Abendmahl Tisch zurück führen. Der Gral als Fusionsmaximum.

Die rotierenden Objekte mit der oben beschriebenen Vertikalströmung können von kollidierten Sternen "übrig geblieben" sein und als komprimierte „Schmelze“, teilweise oder ganz von einem Objekt überlappt werden. Diese können als „Hintergrundquelle“ dienen. In einer solchen Konstellation werden diese in einer Beobachtungsrichtung als blinkende Quelle (Pulsar) wahrgenommen. Komprimierte Masse-Ringe/Flächen können durch den Impuls eines Pulsar ausgedehnt werden oder einzelne längliche Ausdehnungen oder Öffnungen erhalten. Eröffnet sich ein neuer offener Bereich kann dieser mit geringerem Widerstand durchströmt werden. Unter der Annahme eines gefüllten Raum würde eine Ausgleichströmung erfolgen, solange die im Raum befindlichen Materieelemente sich in Bewegung befinden. Materie, die z.B. durch Materieabgaben, mit einer Geschwindigkeitsdifferenz zum umgebenden Strömungsfeld, eine Verschiebung erzeugt, produziert auch einen Rückstoß. Die Materieverteilung beeinflussende Quellen, ermöglichen wiederum, je nach Ausbreitungsrichtung, die Veränderung der länglichen Struktur zur Rundform. Aus dieser Überlegung lässt sich schliessen, dass in der weiteren Vergangenheit mehr runde Körper oder kreisähnliche Umlaufbahnen entstanden sind, da die Anzahl der Quellen bzw. gebündelte Objekte geringer war. Neben dem Hebeleffekt der in einer Strömung mit einem Hindernis eine Zusammenführung der Materie erzeugt, dem Einschlag durch weitere Materie, ist die wippende Spiralbewegung ein kernfüllender Mechanismus.

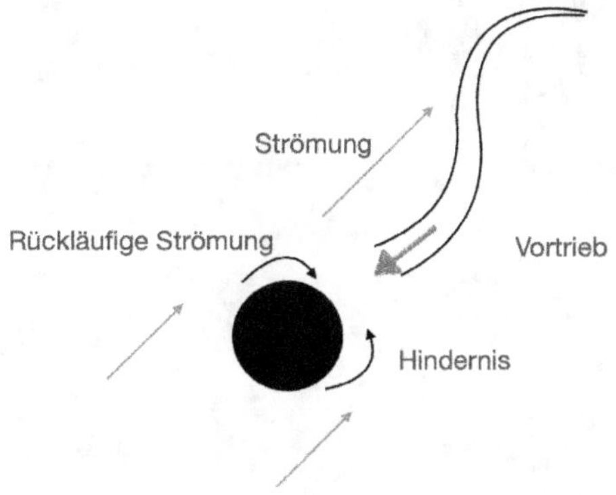

Abbildung 17'

Verdeutlichung des Hebeleffektes zur Massenansammlung aufgrund eines Hindernisses im Strömungsfeld

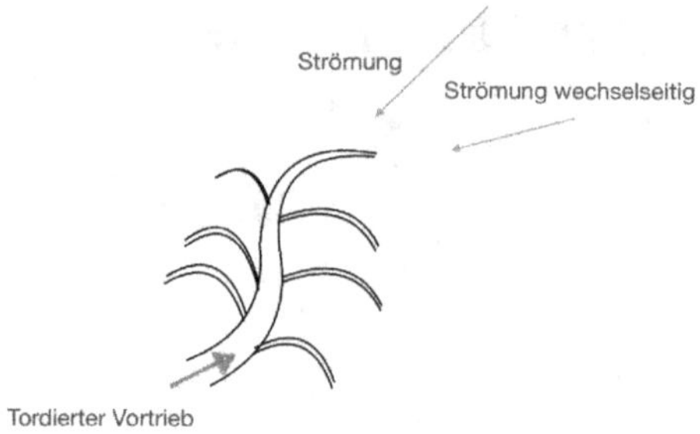

Abbildung 17'' Aufgrund der wechselseitigen Anströmung entsteht eine Torsion, die mit der Hilfe von Abstützpunkten einen Vortrieb bzw. eine Füllung der Materiescheibe erzeugt

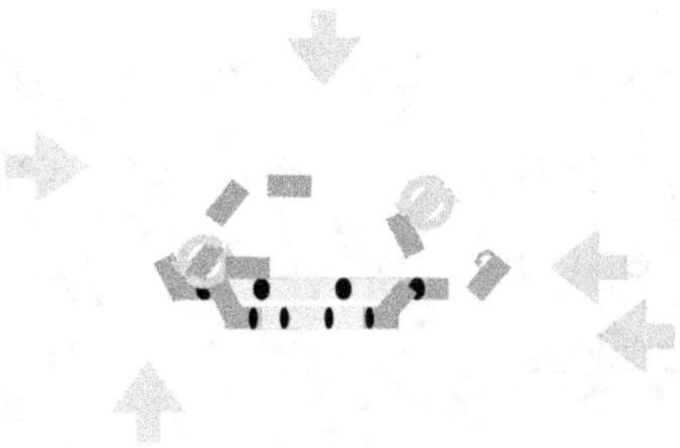

Abbildung 17''': Veränderung einer rotierenden Materiescheibe durch spezifische Quereinflüsse, z.B. ein Pulsar

Das Drehen der Spiralschleife, vergleichbar mit der in Abbildung. 18 dargestellten, erzeugt einen konstanten strömenden Materie bzw.

Plasmastrom mit einer verteilten, der Spiralwellen folgenden Verzögerung bzw. Überlagerung gegenüber der Hauptwellenfront, abhängig von der Spiralgröße.

Sternexplosionen werden in Bezug auf die gewonnene Masse eines Sterns und gestörte innere Prozesse gesehen. In der Zeit des Wachstums eines Sterns aufgrund dem Zufließen eines Materiestroms in der Umlaufbahn und der anschließenden Verdichtung steigt die angesammelte Sternmasse. Aufgrund der sich erhöhenden Temperaturen im inneren entsteht sogenanntes Plasma. Diese rotierenden Plasmaströme erzeugen elektromagnetische Felder und eine geordnete bestimmte Struktur. Möglich, aufgrund des entsprechenden äußeren vorhandenen Strömungsfeldes, ist eine Schichtstruktur, d.h. die Plasmaströme sind, unterlegt man eine Spiralgesamtstruktur, in nach der Größe übereinanderliegenden Ringen angeordnet. Eine andere Schichtung kann entsprechend im Winkel verändert sein und die erst beschriebene zu einem gewissen Zeitpunkt durchkreuzen. Wenn das Strömungsfeld aus verteilten Richtungen mehr Materie zuführt, bilden sich die Ringkonglomerate- die Vereinigung von Einzelringen. Als Beispiele siehe Abbildung 18 und 19.

Abbildung 18: Mehrere ringförmige, geschichtete und teils verschlungene rotierende Plasmaströme

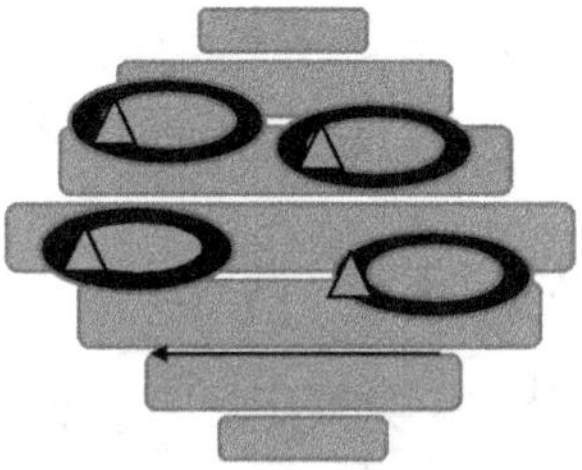

Abbildung 19: Seitenansicht mehrerer ringförmiger, geschichteter Plasma Ströme mit gekippten kleineren begleitenden seitlichen Plasma

Strömen (eingefügte Pfeile als Beispiele für die Drehrichtung).

Falls das Strömungsfeld weitere Materie von verteilten Richtungen zuführt, entstehen ohne eine Vereinigung verschlungene Ansammlungen. Als Beispiel dient Abbildung 6 mit sechs exemplarisch dargestellten Schleifenströmungen.

Diese Schleifenströmungen in der Kombination mit metallischen Verbindungen führen offensichtlich zum breiten ausgesendeten Frequenzspektrum von Quasaren.

Bisher bezeichnete man diese strukturlose heisse flüssige Materie als Plasma. Aus der Sicht den des Authors benötigt es in diesem Zusammenhang einer weiteren Unterscheidung. Die zuvor erwähnten Neutronensterne zeigen die uns bekannteste dichteste Struktur. Eine dichte Struktur lässt sich schwierig aus unangepassten verschiedenen Materieformen erzeugen. Zwischen ungleichen Materieformen bleiben sehr leicht Lücken. Ein Volumenkörper, ähnlich den Fulleren, läßt einen nahlosen Aneinanderschluss zu. Falls im inneren ein eingeschlossenes Volumen bleibt, ist diese Art der Materieansammlung elastisch und komprimierbar. Kugelfüllungen sind auch beobachtbar, welche möglicherweise rotieren. Haben sich diese Fulleren von innen nach Aussen geschichtet entsteht ein homogener aber wenig elastische Materieansammlung. Letztendlich ist eine scheibenartige Schichtung aus identischen Elementen wohl die am meisten geschlossene Materieansammlung. Ein Fliessen wird im homogenen Zustand nicht erwartet. Es bietet sich an die Plasmabezeichnung mit einem Zusatz zu versehen, um die einzelnen Homogenitäten bzw. Volumenkörperzusammensetzungen zu berücksichtigen. Plasmaspiralen bestehen nach dieser Betrachtung mehr aus verdrehten bänderartigen Strukturen mit einer möglichen Einstreuung von kleineren Elementen (z.B. Elektronen).

Ein weiteres wichtiges denkbare Beispiel für die Bildung eines Kreisringes, mit darin entstehenden kugel-spiralähnlich Kreiseln, formt die Basiselemente für Wasser. Zumindest in unserem Sonnensystem ist davon auszugehen, dass der entstandene Kreisring, neben der radialen-, auch über eine höhenversetzte Schichtung verfügt.

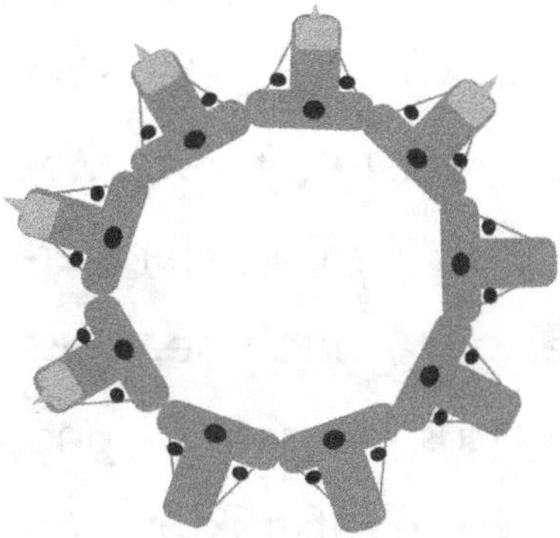

Abbildung 20: Eine Ringvolumen mit „hammerförmigen" geordneten-Elementen und zusätzlichen kugelförmigen eingesetzten Einzelwirbeln. Unerheblich ist dabei die Richtungsanordnung des länglichen Steges.

Löst sich diese Konstellation durch eine Störung wieder auf und zerbricht in seine Einzelelemente, ist die Bildung von kombinierten Paaren erzeugbar. Die Drehrichtung und Rotationslage des Kugelwirbels wirkt dabei mit dem entstehenden Moment auf die Stabilisierung der Verbindung. Unter der Annahme, dass die Schichtung aus Wasserstoff und einer weitern Elementstruktur bestand, läßt sich aus jeweils zwei verknüpften Paaren die Wasserstruktur ableiten. Die Bipolarität würde sich auf die in der Winkelstellung versetzte Drehrichtung der beweglichen Teilstücke (Kugelwirbel) zurückführen lassen.

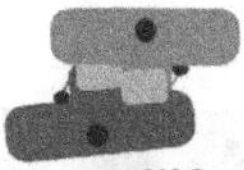

Abbildung 21: Zwei verhakte Einzelelemente aus Abbildung 20, rechts mit Fortsätzen

Da eine spätere Verknüpfung unwahrscheinlicher ist, als die direkte bereits im grossen Kreiswirbel entstandene Form, sind die beiden integrierten Kreiswirbel auch nebeneinander vorstellbar.

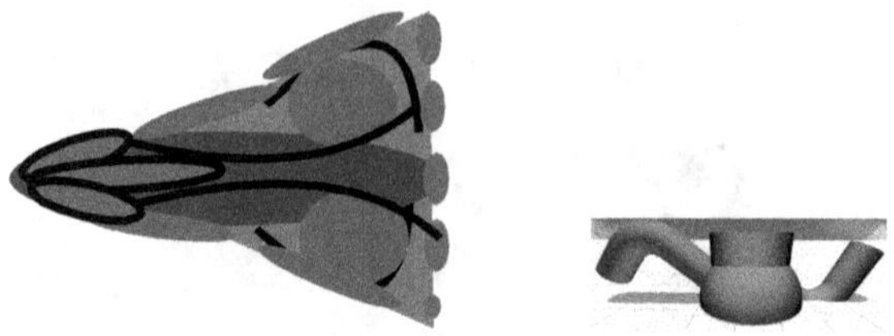

Abbildung 22

Zwei alternative Kreiswirbelausbrüche mit verschiedenen integrierten Kreiswirbeln (Aufsicht, Seitenansicht)

Bei einem Druck auf die Spitze ist eine Verklemmung der beiden nebeneinander angeordneten Kreis/ Kugelwirbel möglich. Dies stellt einen Mechanismus, wie diesen der zur Eisentstehung führt, bzw. für einen plötzlichen Stillstand bei einer Druckerhöhung sorgt, dar.

Aufgrund des im Sonnensystem wirkenden orthogonalen zentralen Kraftsystems und der dadurch bekannten spiralförmigen Strömung, entstehen im Prinzip <u>konische Wirbelstrukturen</u>. Diese Kreiskegel sind aufgrund der zwei ungleichen Rotationskörper im Zentrum der Milchstrasse als schief anzunehmen. Diese sind in dem unter Abbildung 20 entstandenen Kreisring gleichmäßig am Rand vorhanden und verfestigt. Diese mögen sich entgegen der Darstellung auch auf der Kopfseite bilden. Falls kein Kreiswirbel entsteht, ist in diesem Fall von einer Lamellenstruktur zwischen den verfestigten Aussenscheiben auszugehen. Die Lamellen sind sternförmig vom Zentrum ausgerichtet, wenn sich dort ein Materiezerfall ereignet. Durch verschiedene ineinander drehende Materieansammlungen öffnen sich zeitweise Strahlungskanäle, die z.B. eine Lamellenbildung, je nach der zufälligen Anordnung der Materie zueinander, erzeugen. Nach dem Zerbrechen der Kreisstruktur aus Abbildung 20 sind diese näherungsweise Kreiskegel möglicherweise aufgrund von Temperaturschwankungen gelöst und lassen sich als Rotationskörper wahrnehmen. Gleichzeitig und viel wichtiger, übt er bei einem wirkenden Druck eine variable Kraft auf die umgebende Materie aus. Dieser Druck erzeugt in der gefalteten Trägerstruktur eine Spreizung. Die gefaltete Trägerstruktur ist, wie zuvor beschrieben, durch umlaufende Kraftverteilungen entstanden, wenn diese nicht durch einen Aufprall oder einen lokalen Hitzeeinfluss entstanden ist. Die Spreizung ist die erkennbare Volumenvergrößerung beim bekannten Effekt des Einfrierens von Wasser. Auch verändert die zuvor beschriebene Lamellenstruktur die Ausrichtung dieser Lamellenwinkel bei besprechender

Druckverteilung. Eine gebogene Form streckt sich und die zuvor in einem gewissen Winkel angeordneten Lamellen parallelisieren sich. Die für uns feststellbare Temperatur dieses Vorganges ergibt sich aus dem wirkenden Gleichgewicht. Dieses ergibt sich zwischen der sogenannten Zentrifugalkraft oder nach aussen wirkenden Kraft in der Drehung des Gesamtsystems und der Gegenkraft basierend auf der Wirkung der Masse aufgrund des wirkenden Druckes. Überhaupt basiert die z.B. die feuerlöschende Eigenschaft des Wassers auf dem entstanden Feder- bzw. dem strukturbedingten Dämpfungseffekt (Bandform). Stickstoff ähnelt der in Abbildung 21 dargestellten

Mittelstruktur zwischen zwei verbundenen Kreisscheibenelementen.

Die Anordnung im Raum ergibt sich nach dem Prinzip des geringsten Widerstandes in einer vorhanden Strömung. Andere sich ausbreitende Strömungen, würden über die Enden der verfestigten Materie hinweggleiten, sozusagen von Kante zu Kante springen. In querenden Strömungen erzeugen verfestigte Materieelemente bei einer Verschiebung von gebundener Materie einen sprunghaften Wechsel der Bindungspartner. Auch ein Druckausgleich bewirkt eine Strömung. Sind zwischen den Strukturen andere lösliche Elemente vorhanden wirken verlagernde Kräfte.

Je nach Temperaturverhältnis sind die seitlichen verfestigten kugelförmigen Einzelwirbel beweglich. Dies führt zu einem fliessenden Verhalten der Materie. Dabei mögen diese beidseitig sichtbar sein und ihre Anzahl dadurch verdoppelt wirken. Stoppt diese Bewegung aufgrund einer einfachen Druckerhöhung oder einseitigen temperaturbedingten Schrumpfung erhalten wir einen starren Zustand, der wie zuvor als eingefroren angesehen werden kann. Im Vergleich von verschieden grossen ähnlich strukturierten Masseanhäufungen, behält die Größere, aufgrund der internen Ausgleichvorgänge, länger ihre Bewegungsfähigkeit im Sinne einer Wärmebewegung.

Wie im Abschnitt 3.4 beschrieben, tritt abgestrahlte Materie aus („Extruder"). Auch treten Materieansammlungen periodisch in Aufstiegskanälen aus, oder Oberflächen öffnen sich. Der Gleiche Effekt wird wie zuvor beschrieben, durch rotierende Volumenkörper mit einer Öffnungsstelle erreicht. Auch kann aus dieser Öffnungsstelle Materie ausgetreten sein, die sich bereit verfestigt hat. Diese wirkt als verlängerter Reflektor für den periodischen Austritt aus dem teilweise geöffneten- und rotierenden Innenbereich. Dabei ist eine verschiedene Schichtung der Oberflächen und Materieansammlungen zu erwarten. Sind diese Austrittskanäle oder passierbaren Oberflächen in Kombination aktiv, lassen sich daraus verschiedene Materiestrukturierungen herleiten. Zwei Austrittskanäle, die sich zugeneigt sind, erzeugen z.B. einen sich kreuzenden Materieaustritt. Dieser kann durch einen dritten Kanal periodisch weiterbefördert werden und aufgrund des Ausgangswinkel sich drehend fortbewegen. Eine zusätzlich Rotation der Quelle lässt eine verdrehte Struktur entstehen. Diese Austrittskanäle ergeben sich durch eine Querströmung auch in einfachen Materiewirbeln im Zentrum. Es ist anzunehmen, dass ein „schwarzes Loch“ mit Austrittskanälen und rotierenden Kreisringe/Scheiben einen starken Einfluss auf unsere direkte Umgebung erzeugt. Abbildungen als der auf der Erde entstanden Biomasse lassen auf drei/vier Scheiben /Kanäle schliessen. Eine direkte Zählung ist bedingt möglich, da die Größenordnung variiert und dazu eine Vorgabe bestehen muss.

Hilfreich wird eine Häufigkeitsbetrachtung der verschiedenen benannten Materieformen sein. Es gibt Grundstrukturen, die bereits im Periodensystem niedergelegt sind und Abweichungen in alle möglichen denkbaren Materieentstehungsformen. Die Materie entsteht aus seiner Umgebung. Variiert die Umgebung , variiert auch die Materie. Gleiche

Entstehungsmechanismen lassen gleiche oder ähnliche Materieformen entstehen, die mit einer gewissen Häufigkeit im All anzutreffen sind. Denkbar sind unzählige Gebilde in Größenordnungen jenseits der 1*10^-11 m die „extrahiert“ als Blasen, z.B. aus Wasserstoff, entstanden sind und durch einen Aufprall eine Kraft ausüben.

Neben der Konglomeratentstehung kann das „Füttern“ dieser inneren Strömungsstrukturen mit mehr Materie auch zum Kontakt mit anschliessender Abstossung zweier entgegengesetzt rotierender Ringe führen. Damit entsteht je nach Rotationsrichtung, Plasmavolumen und Abstandsvariation ein direkter, evtl. entgegengesetzter Kontakt. Dies impliziert eine abrupte Änderung der strömenden Richtung. Neben der Materieanhäufung wäre dieser Prozess auch für die Fusion verantwortlich und die Abstrahlung. Kollidierende Materie wird an den Kollisionspunkten verdichtet, verbunden und abgestrahlt. Weniger Abstrahlung entsteht bei kollidierender Materie die in der flüssigen Form vorhanden ist. Ein Verschmelzen solcher Massekörper kann ohne einen wesentlichen Auswurf geschehen. Es ist aber auch möglich, dass sich ein „Auseinanderspritzen" ereignet. Falls eine geschlossene Schichtung um den Auftreffpunkt vorhanden war, ergibt sich der Aufwurf strahlenförmig nur in separaten durchlässigen Bahnen (Ringöffnungen). Wenn alle Parameter bestimmte Schwellenwerte überschreiten (Erklärung für bestimmte notwendige Materiegrößenanhäufungskategorien), sich ein Vorbeiflug oder Durchflug ereignet, führt dies auch zu einer Explosion oder sogenannten Supernova. Damit läßt sich das Entstehen einer möglichen Explosion nicht einfach auf die Sternenmasse zurückführen, sondern ist abhängig von den einzelnen Schichtungen im Stern, der Gesamtform und dem ausreichenden gerichteten Impuls/Geschwindigkeit/Masseverhältnis an der jeweiligen Kollisionsstelle der gerichteten Rotationsschleifen. Die Kollisionsstelle ist, neben dem direkten Crash, im weiteren Sinn zu verstehen, da diese auch durch „Elektrostatik" bzw. Elektronenlawinen entstehen können, die nicht im unmittelbaren Kontakt standen. Neben dem Effekt von kollidierenden Schleifen, lässt sich aufgrund der fortgeschritten Fusion, bzw. den zuvor benannten Ausgleichreaktionen eine Homogenisierung beobachten. Vorherige „Einstülpungen" breiten sich aus und der Körper nimmt an Volumen zu. Ein Aufblähung ist eine andere Umschreibung. Wenn sich nun diese Hülle bzw. Schichtung, aufgrund der fehlenden Durchmischung oder Bewegung auskühlt, ist zumindest ein Riss zu erwarten. Damit ergibt sich eine plötzliche Austrittsströmung oder Explosion.

Auch die Entstehung eines Neutronensternes funktioniert damit nach dem gleichen Mechanismus. Dieser gilt als Kern-Überrest einer Supernova. Die starke Komprimierung führte zum Stillstand aller normalerweise vorhandenen Rotationen. Dieser Annahme folgend gibt es keine rotierenden Protonen mehr. Entscheidend sind dabei lediglich die Kraftrichtungen und die o.g. Verhältnisse. Vollständige Vermessungen dieser Objekte vor der Explosion sind bisher schwierig. Radienmessung zeigen größere Abweichungen. Dieser Betrachtungsweise folgend, kann aber angenommen werden, dass die längliche Formationen (Ellipsoid), erzeugt durch eine stärkere Längsströmung oder verbundene Kugeln, im Vergleich zur Kugelform später instabil werden. Denkbar ist eine Gasverbrennung, z.B. Methan, eine oder mehrere sichtbare Austrittsstellen und in größere Mengen angesammeltes vorhandenes geschmolzenes Metall, wie z.B. Blei, auch Elektronen in Reinform kommen als Dichte Ansammlung in Betracht etc.. Während der Rotation eines solchen Objektes erscheint am Auslass oder Öffnung „der Brennkammer" ein periodisches Lichtsignal und ein hörbarer Gasaustritt. Dieses Zusammenspiel kann, neben einem Drehen eines Doppelsterns als Pulsar wahrgenommen werden.

Es scheint wahrscheinlich, dass aktive Sonnen, mit inneren rotierenden Plasmaströmungen, ihre direkte Umgebung beeinflussen. Es entsteht neben der radialen Verteilung, eine starke tangentiale Materie-Verschiebungskomponente, besonders wenn äussere Störeinflüsse hinzutreten. Anhäufungen an den Austrittstellen mögen mehr als einen Auslass erzeugen. Direkt Austritte und entsprechende höhenversetzte über eine Stufe erzeugen Phasenverschiebungen. Diese Komponente wäre neben der inhomogenen Oberflächenstruktur verantwortlich für Rotationsabweichungen der umliegenden Planeten und wie zuvor erwähnt der biologischen Strukturen. Man vergleiche dazu etwas die

Kopfform von Vögeln inklusive des ansetzten Schnabels. Kreisförmige Verschiebungen oder rotierende Materieabstrahlungen erzeugen wiederum in entfernten Bereichen Wirbelformationen. Diese Wirbel überdecken den gesamten Größenbereich. Von Wirbeln auf der Basis eines ursprünglichen bzw. verkleinerten Heliumatoms, mit entsprechender „Urwasserstoffumgebung“, bis zur Größe von Galaxiewirbeln.

Wenn man bedenkt, dass der Effekt der Materieabstrahlung ausschliesslich durch die Impulswirkung der Masse entsteht und nicht die Anziehung die Ursache für die Zusammenballung der Masse ist, kann die Stabilisierung unserer Galaxie schwieriger vorhergesagt werden. Durch die verringerte Vorhersagbarkeit ist möglicherweise die Reaktionszeit nicht in dem Maße gegeben wie es bisher angenommen wurde.

Auch wenn lediglich kleinere Meteoriten, wie der Apollo Typ aus dem Asteroiden Gürtel zwischen dem Mars und Saturn wahrscheinlicher sind, hat dieser doch sehr viele Menschen verletzt und einen größeren Sachschaden erzeugt. In diesem Herkunftsgebiet befindet sich z.B. Flora mit einem angegebenen Durchmesser von rund 147 km. Aus diesem Grund ist ein rechtzeitig vorbereiteter organisierter effektiver Meteoriten Schutz der Erde vernünftiger.

Neben dem Meteoriten Schutz ist es sinnvoll das Weltall in großen Entfernungen zu kennen. Aufgrund der nahezu unendlichen Entstehung von Materieansammlungen ist es eher unwahrscheinlich, dass an andere Stelle kein Leben entstanden ist. Wenn man davon ausgeht, dass sich eine Spiralgalaxie durch ein längliches Zentrum charakterisiert und eine nahezu kugelförmige Galaxie mehr Rotationssysmetrien erzeugt, sollte man zuerst, wenn es erreichbar wird, zur Suche in die Spiralgalaxie starten. Besonders wenn aufgrund der Rotationsrichtungen sich eine Materieschleife oder Brücke gebildet hat. Die Wahrscheinlichkeit für längliche Wassergebundene Strukturen ist dort höher.

Werden wir von diesen Ausserirdischen besucht, wären Sie uns überlegen.

3.6 Die zu beweisende Theorie

Es zeigt sich die immense Wichtigkeit der Struktur unseres Milchstrassen-zentrums. Jede Materiestruktur ist u.a. davon geprägt. Bessere Einblicke in diese Struktur sind unverzichtbar. Solange diese aufgrund der grossen Entfernung nicht zur Verfügung stehen können klassische Methoden angewendet werden. Neben den aufgezeigten Argumenten zu einer nun geschlossenen theoretischen Betrachtung (Hauptsätze der Thermodynamik, kristalline Feinstruktur, Fernwirkung, Rotationsgeschwindigkeitsverteilung in und außerhalb der Galaxie, die weiter bestehende Aufenthaltswahrscheinlichkeit von Materie in der zeitlichen Betrachtung, ohne das die Material-Schwingung zum Erliegen kommt etc.) werden praktische Experimente zur Veranschaulichung benötigt werden. Die geschlossene theoretische erklärt bisher jeden bekannten Effekt und würde bereits zur Begründung einer Neudefinition genügen. Es wird bereits hier in einigen Beispielen darauf hingewiesen, wie ein praktischer Beweis für diese Strömungsfeldtheorie geführt werden kann. Es gibt bereits bekannte Beobachtungen die mit der Vorstellung der reinen Massenanziehung nicht nachvollziehbar sind. Es sei dazu die Aufnahme einer Richtungswechseln Flügelmutter in einer

Raumstation verwiesen. Diese bewegt sich im Raum in eine Richtung und dreht sich plötzlich um 180 Grad behält aber die Bewegungsrichtung bei. Die Drehung (um 180 Grad) findet dabei nicht in der Raummitte der Raumkapsel statt. Zu Untersuchen bleibt dabei eine mögliche elektromagnetische Störeinwirkung der Installation in der Raumstation.

Wesentlich einfacher ist der Nachweis der Reflektion auf ein Fallexperiment. Nähert sich ein fallender Körper einer massiven Oberfläche, sollte vor dem Aufprall, im Rahmen der Größenverhältnisse, der Einfluss der Reflektion, durch eine Abweichung zu der bisher erwarteten theoretisch berechneten Fallgeschwindigkeit messbar sein.

Des weiteren die mikroskopische Aufnahme des Max Planck Institutes von winzig kleinen Tröpfchen/Gasmoleküle die sich verbinden, drehen und sich nach kurzer Zeit wieder trennen.

Die Anordnung von Dipolen an der Oberfläche und die zusätzliche Kompression des Wassers an dem ca. 4 °C Punkt kann <u>nicht vollständig</u> mit einer <u>radialsymmetrischen</u> Anziehung der Einzelmoleküle erklärt werden, sondern mit dem gerichteten Strömungsfeldeinfluss in Verbindung mit der Materiestruktur. Die notwendige Ausrichtung der Elemente würde nicht nur wegen einer reduzierten Bewegung aufgrund der Temperatur um die 4°C stattfinden. Eher massgeblich ist die eigene Isolationsfähigkeit aufgrund der zuvor beschriebenen maximalen Molekül Stapelhöhe. Es entsteht aufgrund der Einheitlichkeit für eintreffende Wärmebewegungen eine Senke und damit eine Beruhigung. Mögliche andere Einschlüsse (Gase) konnten entweichen. Eine Kompression, im verbindenden Bereich, kann zum seitlichen Austreten, bzw. spreizen und verfestigen von Materie führen, die damit die vorab geordnete komprimierten Wasserstoff-Sauerstoffverbindungen ausweitet. Eine Torsion, im sich drehenden Gesamtsystem, führt zu einer Verkürzung der betroffenen Elemente (vgl. Viskosität) und einer Bildung von Hohlräumen. In dieser Betrachtung werden, neben den heute definierten Materieelementen, weitere meistens kleinere, sich der heutigen Messauflösung entziehende Elemente als existent angenommen (Kohlenstoff, Helium). Mittels der Vorstellung von Vergasungsprozessen lassen sich die Materieelemente „stapeln" (vgl. Hebeleffekt). Gleichzeitig bietet eine in Strömungsrichtung geordnete Struktur durch die Anordnung in Spiralform oder durch den Abfluss von kleineren Elementen, z.B. in Kugelform, die grösstmögliche homogene Dichteansammlung. Einzelne Kreisringe oder Rotationsschalen lassen sich entsprechend ihrer Größe zum Volumenkörper zusammensetzen oder stapeln sobald sich die Ränder der Kreisringe sich ausgeweitet haben.

Bei einer weiteren Temperaturabnahme werden die einzelnen Elemente durch spezifische Ausrichtung stärker gebunden (Wasserstoff). Möglich ist eine Anpassung an die Längenunterschiede zwischen dem Sauerstoff und dem gedrehten Wasserstoff oder die umgekehrte (180° verdrehte) Ankopplung inkl. möglicher feiner „String“ Fortsätze. Die Bewegung der Elementarelemente nimmt ab. Die Lücken sind minimal. Die Reflektion erreicht ihr Maximum. Die erreichte minimale Weglänge, die sich aus der transformierten Minimaltemperatur herleiten lassen sollte (vgl. -275,15 K, Planck. Wirkungsquantum), ist beim Erreichen des Endwertes der Stillstand. Solange eine umgebende Strömung existiert, kommt es zu Reflektionen und es entsteht kein Stillstand. An einer strukturierten Oberfläche findet eine Linearisierung statt und die Reflektionen einer Durchströmung werden minimiert. Die Reflektionen an der Oberfläche wiederum erzeugen je nach Anregungsfrequenz und Winkel einer eintreffenden kosmischen Strahlung durchaus sichtbare „Einschnürungen". Die Ordnung und die Dichte steigt. Um dieses als experimentellen Beweis zu verwenden, würden wir jeden Strömungsfeldeinfluss abschirmen müssen. Es ist bisher immer noch unklar ,ob dies zumindest teilweise im Detail gelungen ist. Es liegt nahe, dass die Supraleitung, wie oben beschrieben, auf einem abschirmenden, verknüpfenden, transportierten Effekt beruht oder die weniger wahrscheinliche Sichtweise, aufgrund des Temperatureinflusses und des damit einhergehenden Strukturstillstandes, dominiert. Bisher findet Supraleitung bei verringerten Temperaturen statt. Ausgehend vom Gedanken, dass Materie sich bei niedrigeren Temperaturen weniger bewegt und damit einen geringeren Platz einnimmt, kann davon ausgegangen werden das die zuvor beschriebenen Kreisel freier rotieren. Eine Weiterbeförderung ist dadurch erleichtert. Besonders wird die Bewegung befördert, wenn die Kreiselform durch eine eckige Form ergänzt ist. Wie bereits beschrieben bilden einzelne längliche Materieelemente die Basis für Sechseckformen oder höhere Kantenelemente. Eine Umwicklung dieser schrägen Stabelemente bildet einen Kreisel. Diese Struktur kann in jedem Strömungskreuzungspunkt entstehen. Damit ist es möglich viele dieser identischen Materieelemente zu bilden.

Ein vergleichbarer Effekt findet beim Bau der Blasenwand statt. Das Material richtet sich im Strömungsfeld aus (vergleiche die beschriebene

Streuungslinearisierung) und die Blasenwand erhält aufgrund der atomaren Sauerstoff Form/ Verbindungszonen eine gekrümmte Form. Beim Zusammenprall zweier Blasen in der Erdatmosphäre bildet sich die resultierende Trennwand meistens als Senkrechte.

Neben dem Gedanken zur Abschirmung wäre ein Ansatz die Geschwindigkeitskompensation mittels eines „Parabelfluges". Ergänzend müßte dabei auch eine Horizontalkurve zur Kompensation der Spiralbewegung geflogen werden.

Ein homogener "Globus" oder Massekugel im Raum, wird durch eine Gravitationsmesssonde vermessen werden. Es wird erwartet, dass das

Ergebnis von der radialsymmetrischen Verteilung einer berechneten „Anziehungskraft“ um die Massekugel abweicht. Wir erwarten eine elliptische Verteilung der Prüfergebnisse mit stochastisch verteilten Einzelstrahl-Abweichungen (vgl. auch die Jakobsmuschel-Oberfläche). Mehrere Kugeln in einem Kreisring oder als Volumenkörper angeordnet, könnten mit einer definierten und damit bekannten mittigen Kraft angestoßen werden. Anschliessend werden die einzelnen Ausbreitungsentfernungen bestimmt. Es wird aufgrund des bewegten Testraumes keine Gleichverteilung erwartet. Interessant wird die Beobachtung mit einer möglichst geringen Stosskraft zur Bestimmung eines „Vakuumwiderstandes“.

Ein weiteres Experiment könnte mit flüssigem Helium in einem Tank im Weltraum durchgeführt werden. Nach der gewonnenen Erfahrung, bildet dies kein Konglomerat, wie es sich ergeben würde, wenn die Anziehung zwischen den einzelnen Atomen wirksam wäre. In diesem Zusammenhang kann ähnlich wie beim Wasser der „Onnes Effekt“ erwähnt werden. Edelgase sind durch ihre rotationssymmetrische Form bindungsarm. Fortgeführte Rotationen erschweren eine Annäherung. Auf einer aus dem Helium hinausragende Oberfläche, bewegt sich Helium, aus der Ansammlung, auch gegen die Schwerkraft bzw. Strömung heraus. Das „Stapeln“ der Helium Elemente kann auf die wirkenden Kräfte im Versuchsraum und das Gemisch von unterschiedlichen Größen- und Materieelementen, deren Verdrängungseigenschaften bzw. Verbindungen und der entsprechenden Reflektion zurück geführt werden. Das Helium verteilt sich über die Fläche unregelmäßig, gemäß dem Strömungsfeldeinfluss im Tank. Für das Experiment mussten alle Parameter, wie z.B. eine konstante Temperatur-und Druckeffekte überwacht werden.

Denkbar sind auch die Erweiterung von existierenden Beschleunigerringen mit Hochspannungsquellen. Parallele Materieströme können so quer beaufschlagt werden. Die plötzliche lokale Temperaturerhöhung führt zur Verbindung von Materieelementen. Das Gleiche gilt für die Abkühlung bzw. das einfrieren. Ergänzt man diesen mit einem Gegenstrom, etwa in einer beruhigten Zone, ergibt sich die zuvor beschriebene Scherspannung und es sollte dadurch möglich sein eine Kugelform zu erzeugen. Damit wäre ein Planetenerzeugung im kleinen Massstab möglich. Fraglich ist dabei der Einfluss bzw. das Verhältnis des auf die Erde eintreffenden Strömungsfeldeinflusses. Womöglich ist das Experiment nur im erdentfernten Bereich erfolgreich.

Auch ist ein Abtropfexperiment denkbar. Mehrere Öffnungen eines Wasserspeichers sollten bei homogener Entfernung zur Anziehungsquelle zum gleichen Zeitpunkt abtropfen. Ein unregelmässiger Strömungsfeldeinfluss würde die „Abtropfzeitpunkte“ bzw. Impuls zufällig verschieben, wobei dies kein Gegenbeweis gegen den Gravitationseinfluss zeigt, sondern lediglich die Frage nach einer zusätzlichen Überlagerung demonstriert.

Kapitel 3 Zusammenfassung

Dieses Kapitel führt theoretisch in die Entstehungsquellen, die Eigenschaften von Effekten zur Ausbreitung im Raum und in eine neue Sichtweisen der nicht-symmetrischen Weltraumbildungstheorie ein. Die vorhanden Fusionen oder Zerfälle als Impulsquellen im Weltraum, den daraus entstehenden Verschiebungen im allgemeinen, die Ausbreitung der Impulse, Aufteilungen, Dichteänderungen und Reflektionen werden als verantwortlich für ein vorhandenes quantisiertes Strömungsfeld bezeichnet, das eine Kraft erzeugt. Der Raum dient der Ausbreitung oder die Materie der Weitergabe von Impulsen bzw. reflektiert. Dies liesse sich im weitesten Sinne als “Impulsleiter“ bezeichnen. Die resultierenden Kräfte in diesem strömenden Feld bündeln Massen nicht per Anziehung, sondern auf einer mechanischen Basis. Es ist möglich in diese Massen einzusinken, von diesen bedeckt oder reflektiert zu werden. Diese Elemente werden rotiert, verknotet, verwickelt, eingesteckt, verhakt etc. und in die bekannten Konstellationen transportiert. Die Zeit wird als künstlich definierte Einteilung angesehen. Die Kraft entwickelt sich aus jeder Raumänderung im Strömungsfeldraum, dem Weltall, durch Kompensation von Kräften durch Massen, wobei die Masse allein nicht die Ursache für die bisherige Betrachtungsweise der Anziehung ist. Schwarze Löcher werden u.a. als rotierende und komprimierte Massen ohne eine unendliche "Gravitationskraft" gesehen.

Die Formation der Masse im Raum wird durch eine Quellen- und Senkenbetrachtung ersetzt und benötigt damit nicht einen „Big Bang“ zur Entstehung des Universums. Als ablösende Bezeichnung wird die „Homogenitätstheorie“ eingeführt. Die Berechnungsmöglichkeit wird über die wirkende Kraft geführt, wobei aufgrund der verteilten nicht synchronisierten Quellen eine numerische Berechnung als die relevante Lösung angesehen wird. Experimente sind für den praktischen Beweis dieser Theorie im Kapitel 3.6 definiert.

Kapitel 3 Zusammenfassung in einer vereinfachten Schreibweise:

Dies Kapitel führt theoretisch in das Entstehungsquellen, das Eigenschaften von Effekten zur Ausbreitung im Raum und in ein neu Sichtweisen das nicht-symmetrischen Weltraumbildungstheorie ein. Der Begriff symmetrisch wird hier im geometrischen Sinn verstanden, nicht im Sinne ein Wandlungsfähigkeit. Das vorhanden Fusionen oder Zerfälle als Impulsquellen im Weltraum, das daraus entstehenden Verschiebungen im allgemeinen, das Ausbreitung das Impulse, Aufteilungen, Dichteänderungen und Reflektionen werden als verantwortlich für ein vorhandenes quantisiertes Strömungsfeld bezeichnet, das ein Kraft erzeugt. Elemente in dies Raum dienen das Ausbreitung oder Weitergabe von Impulsen bzw. reflektiert. Dies liesse sich im weitesten Sinne als "Impulsleiter" bezeichnen. Das resultierende Kräfte in dies strömenden Feld bündeln Massen nicht per Anziehung, sondern auf ein mechanischen Basis. Es ist möglich in dies Massen einzusinken, von dies bedeckt oder reflektiert zu werden. Dies Elemente werden rotiert, verknotet, verwickelt, reflektiert, verhakt und in das bekannten Konstellationen transportiert. Das Zeit wird als künstlich definierte Einteilung angesehen. Das Kraft entwickelt sich aus jeder Raumänderung im Strömungsfeldraum, dem Weltall, durch

Kompensation von Kräften durch Massen, wobei das Masse allein nicht das Ursache für das bisherige Betrachtungsweise das Anziehung ist. Schwarze Löcher werden u.a. als rotierende und komprimierte Massen evtl. mit Durchgängen durchzogen ohne ein unendliche "Gravitationskraft" gesehen.

Das Formation das Masse im Raum wird durch ein Quellen- und Senkenbetrachtung ersetzt und benötigt damit nicht ein „Big Bang“ zur Entstehung des Universums. Als ablösende Bezeichnung wird die „Homogenitätstheorie“ eingeführt. Die Berechnungsmöglichkeit wird über das wirkende Kraft geführt, wobei aufgrund das verteilten nicht synchronisierten Quellen ein numerische Berechnung als das relevante Lösung angesehen wird. Experimente sind für den praktischen Beweis dies Theorie im Kapitel 3.6 definiert.

4 Zusammenfassung

Der Text beschreibt eine Hauptthese und verschiedene Nebenthesen, die sich erübrigen, falls ein Argument gefunden wird, das das Gegenteil beweist. In den mehr als 10 vergangen Jahren ist dies bisher nicht vorgekommen. Ansonsten wird der Text von der Projektgruppe in weiteren Ausgaben durch alle neuen Erkenntnisse aktualisiert, die auf der beschriebenen neuen Sichtweise aufbauen.

Der Text für "Das neue Verständnis der Materie-Formation“ bildet eine neue Systematik, die in einem Satz ausgedrückt werden kann: Materie

formiert sich in der Strömung, ausgelöst durch eine Verschiebung.

Die Verschiebung wird mit einem Impuls assoziiert und die Schwingung mit einer Welle oder einer Drehung bzw. dem „Spin“. Betrachte Materie hat je nach Verknüpfungszustand verschiedene zuordnenbare geometrische Formen, sei es punktförmig, länglich, oder ein Volumenkörper in verschiedenen Ausführungen wie z.B. einer Durchführung etc. Die Bewegungsrichtung, über einen gemessenen Zeitraum, entscheidet über unsere Einteilung als translatorische, kreisende oder zyklisch wiederkehrende Bewegung. Zeitlich und räumlich abgestimmte Anregung können als Resonanzen erkannt werden. Im Prinzip besteht zwischen diesen einzelnen Erscheinungsformen der Verschiebungen kein Unterschied. Es ergibt sich eine Kraft.

Andere Verbindungen der Materie sind ein Ergebnis der genannten Systematik.

5 Weitere Links und Literaturverweise

[1] *Neue Astronomie* von Johannes Kep(p)ler (1571-1630), „...dynamisches System, in dem die Sonne durch Fernwirkung die Planeten aktiv beeinflusst..."
Unveränderter Nachdruck der Ausgabe von 1929. Oldenbourg Wissenschaftsverlag, München 1990, ISBN 978-3-486-55341-3.

[2] Le Sage (1756) "Die Verteilung dieser Ströme ist außerordentlich isotrop und die Gesetze der Ausbreitung entsprechen denen des Lichts. "

[3] Fatios (1690) "Teilchen in Richtung zz strömen, und ebenso einige Teilchen, die von C bereits reflektiert wurden, in Gegenrichtung strömen." (Fatio nahm an, dass die durchschnittliche Geschwindigkeit und somit auch die Impulse der reflektierten Teilchen geringer seien als die der Einströmenden. Das Resultat ist ein Strom, ...)

[4] M. Planck: „*Zur Theorie des Gesetzes der Energieverteilung im Normalspektrum*", Verhandlungen der Deutschen physikalischen Gesellschaft 2(1900) Nr. 17, S. 237–245

[5] W. Heisenberg: „*Über quantentheoretische Umdeutung kinematischer und mechanischer Beziehun-*

gen" Zeitschrift für Physik 33 (1925), S. 879–893

[6] On the Einstein-Podolsky-Rosen paradox 1964 from John S. Bell

[7] Albert Einstein: Über Gravitationswellen. In: Königlich-Preußische Akademie der Wissenschaften *(Berlin)*. Sitzungsberichte (1918), Mitteilung vom 31. Januar 1918, S. 154–167

[8] Wilbert Jan, Schwarz Harald, A New EMS Facility For The Test Of Large Widespread Systems, IEEE/EMC Washington, DC 2000, ISBN 0-7803-5678-0

[9] LARGE SCALE STRUCTURE OF THE UNIVERSE, Alison L. Coil, 29.2.2012

DOI 10.1007/978-94-007-5609-0_8

CiTe as arXiv:1202.6633 [astro-ph.CO]

Kommentare sind sehr willkommen unter: willi.oberaht@gmx.de, Ref. 64254028
München, überarbeitete Version April 2019 bis März 2022.

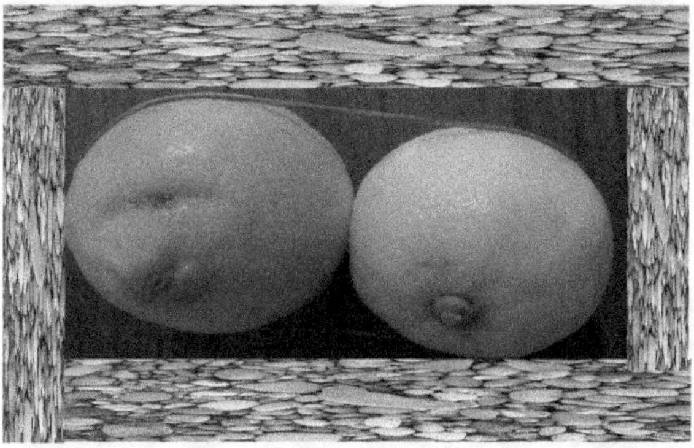

www.ingramcontent.com/pod-product-compliance
Lightning Source LLC
Chambersburg PA
CBHW060820220526
45466CB00003B/920
9781700112422